频率步进雷达传感器
——理论、分析与设计
Stepped-Frequency Radar Sensors
Theory, Analysis and Design

〔美〕阮千珍（Cam Van Nguyen）
〔韩〕朴重锡（Joongsuk Park） 著
周 波 戴幻尧 乔会东 吴若无 陈 翔 译

西安交通大学出版社
XI'AN JIAOTONG UNIVERSITY PRESS
国家一级出版社
全国百佳图书出版单位

内容提要

本书介绍了频率步进雷达传感器的理论、分析与设计。频率步进雷达传感器在各种需要高分辨率的传感应用中非常有吸引力。本书分为 6 章，内容分别为：第 1 章介绍了雷达传感器的基本原理及其应用，然后介绍了超宽带脉冲、调频连续波（FMCW）和步进频率雷达传感器；第 2 章讨论了雷达传感器的一般分析，包括波在介质中的传播和对目标的散射，以及雷达方程；第 3 章分析了频率步进雷达传感器的原理和设计参数；第 4 章介绍了基于微波集成电路（MICs）、微波单片集成电路（MMIC）和印刷电路天线的两种微波和毫米波频率步进雷达传感器的研制，并讨论了它们的信号处理；第 5 章给出了频率步进雷达传感器的电气特性及其测试方法；第 6 章为总结和结论。

本书适合具有一定电子工程和物理专业基础的大学本科生、微波电路方向的研究生学习使用，也可为雷达、微波工程师分析、理解频率步进雷达系统原理和从事相关设计开发工作提供有价值的技术参考。

图书在版编目（CIP）数据

频率步进雷达传感器：理论、分析与设计/（美）阮千珍（Cam Van Nguyen），（韩）朴重锡（Joongsuk Park）著；周波等译. —西安：西安交通大学出版社，2022. 1

书名原文：Stepped-Frequency Radar Sensors：Theory，Analysis and Design

ISBN 978 - 7 - 5693 - 1102 - 0

①频… Ⅱ.①阮… ②朴… ③周… Ⅲ.①变频雷达-传感器-研究 Ⅳ.①TN958. 5

中国版本图书馆 CIP 数据核字（2019）第 010554 号

书　　名　频率步进雷达传感器——理论、分析与设计
Pinlü Bujin Leida Chuanganqi——Lilun、Fenxi yu Sheji
著　　者　〔美〕阮千珍（Cam Van Nguyen）〔韩〕朴重锡（Joongsuk Park）
译　　者　周　波　戴幻尧　乔会东　吴若无　陈　翔
责任编辑　贺峰涛
责任校对　王　娜

出版发行　西安交通大学出版社
（西安市兴庆南路 1 号　邮政编码 710048）
网　　址　http://www. xjtupress. com
电　　话　（029）82668357　82667874（发行中心）
（029）82668315（总编办）
传　　真　（029）82668280
印　　刷　西安日报社印务中心

开　　本　720 mm×1000 mm　1/16　**印张** 7　**字数** 134 千字
版次印次　2022 年 1 月第 1 版　2022 年 1 月第 1 次印刷
书　　号　ISBN 978 - 7 - 5693 - 1102 - 0
定　　价　58. 00 元

读者购书、书店添货如发现印装质量问题，请与本社发行中心联系、调换。
订购热线：（029）82665248　（029）82665249
投稿热线：（029）82664954
读者信箱：eibooks@163. com

译者序

频率步进雷达(stepped-frequency radar sensors)通过发射一组载频线性跳变的连续波信号获得大的等效信号带宽，是一种距离高分辨雷达。作为一种先进的雷达信号体制，频率步进信号广泛应用于精确制导、战场感知、合成孔径雷达(synthetic aperture radar，SAR)、逆合成孔径雷达 (inverse synthetic aperture radar，ISAR)等领域。并且，随着微波技术、数字信号处理技术、大规模集成电路技术的发展以及频率综合器件水平的提高，频率步进体制雷达凭借着独特的优点开始崭露头角，还迅速出现在雷达的各种应用领域，如探地雷达(ground penetrating radar，GPR)、SAR、ISAR 等。

本书针对频率步进雷达系统，重点对雷达信号传播、目标入射信号的散射、系统信噪比、系统性能因子、半空间雷达方程、地下物体雷达方程、频率步进雷达传感器原理、目标定位、传感器设计参数、距离或透射深度估计、毫米波和微波频率步进连续波(stepped-frequency continuous wave，SFCW)雷达收发组件等方面进行了较为详尽的分析，为了使读者更好地理解和掌握相关内容，还给出了 SFCW 雷达传感器系统在实际开发和应用中的许多技术细节，包括毫米波 SFCW 雷达传感器收发机、微波 SFCW 雷达传感器收发机、天线、信号处理、I/Q(in-phase/quadrature，同相正交)误差补偿、目标识别应用等。书中包含了大量频率步进雷达最新的研究成果，非常适合具有一定电子工程和物理专业基础的大学本科生、微波电路方向的研究生学习使用，也可为雷达、微波工程师分析、理解频率步进雷达系统原理和从事相关设计开发工作提供有价值的技术参考。

全书由周波、戴幻尧、乔会东、吴若无、陈翔等人共同翻译。全书对缩略语、专业术语、人名和组织机构名称等进行了统一。翻译过程中，得到了电子信息系统复杂电磁环境效应国家重点实验室的大力支持和多位同志的热心帮助，也得到了西安交通大学出版社贺峰涛同志的大力支持，在此一并表示衷心的感谢。

由于本书内容涉及面广，译者经验和水平有限，有些问题还在进一步深入研究，书中不当之处在所难免，敬请读者批评指正。

译者

2020 年 9 月

前　言

对各种表面和表面下探测应用而言，频率步进雷达传感器是一个颇有吸引力的选择。频率步进系统按照数值不同但间距固定的频率发射连串的连续波信号。尽管频率步进系统的独有特点是作为基于频率的系统而工作，但是频率步进系统的最终响应是按时域量也就是"合成脉冲"进行描述的。"合成脉冲"包含关于目标的信息。这种独特的"合成脉冲"产品使频率步进雷达传感器能具有基于冲激的超宽带(ultra-wideband，UWB)系统的某些优点，例如，容易识别和表征临近的目标。UWB系统完全按时域工作。特别值得一提的是，频率步进雷达传感器具有以下几个重要的优点：第一，它们在各个频率都有一个非常窄的瞬时带宽，导致接收机的噪声系数减小，因此灵敏度和动态范围增大；第二，从另一方面讲，它们的绝对射频工作带宽可以非常宽，从而获得较高的距离分辨率；第三，它们能够发射较大的平均功率，实现长距离探测和深穿透；第四，通过发射具有某些振幅和相位的信号成分，对发射的频谱进行适当赋形，从而有助于改善系统的性能，并有可能对因系统瑕疵以及工作环境而造成的不可避免的影响进行补偿。在军事、安全、民用、商业、医药和卫生保健等方面，频率步进雷达传感器都已得到大量的应用。

本书介绍了频率步进雷达传感器的理论、分析、设计和组件。具体地讲，它介绍了频率步进雷达传感器的下列主要方面：系统分析、发射机设计、接收机设计、天线设计以及系统集成和测试。本书还介绍了两种实用的频率步进雷达传感器及其发射机、接收机、天线、信号处理、集成、电气测试和遥感测量。这些测量不仅是检验频率步进雷达传感器的分析、设计、试验和探测应用的有效手段，也是检验组件设计的有效方法。本书虽然简明扼要，但素材非常独立和完整，包含实用的、有价值的和足量的信息，信息呈现方式确保具有电子工程或物理学背景的本科程度的读者，和有一些经验或学习过研究生微波电路课程的读者，能够顺利地理解和设计各种探测应用的频率步进雷达传感器及其发射机、接收机和天线。

本书对从事雷达、传感器和通信系统工作或参与射频电路和系统设计的工程师、物理学家和研究生都有用。我们希望本书不仅可作为频率步进系统和组件开发的参考，而且可以激发一些构思，使许多现有的探测应用受益，或者在其他新的应用中实施。

阮千珍(Cam Van Nguyen)
于美国得克萨斯州卡城，加利福尼亚州新港滩

朴重锡(Joongsuk Park)
于韩国首尔

目　录

译者序
前　言
第1章　引　言…………………………………………………………………… (1)
1.1　冲激雷达传感器 …………………………………………………………… (2)
1.2　FMCW雷达传感器………………………………………………………… (3)
1.3　SFCW雷达传感器 ………………………………………………………… (4)
第2章　雷达传感器的一般分析过程………………………………………… (7)
2.1　引　言 ……………………………………………………………………… (7)
2.2　信号传播 …………………………………………………………………… (8)
2.2.1　麦克斯韦方程和波动方程 ……………………………………………… (8)
2.2.2　传播常数、损耗和速率…………………………………………………… (9)
2.3　入射到目标上的信号的散射……………………………………………… (12)
2.3.1　半空间信号的散射……………………………………………………… (12)
2.3.2　雷达截面积……………………………………………………………… (17)
2.4　系统方程…………………………………………………………………… (18)
2.4.1　弗里斯(Friis)传输方程………………………………………………… (18)
2.4.2　雷达方程………………………………………………………………… (19)
2.5　系统的信噪比……………………………………………………………… (21)
2.6　接收机灵敏度……………………………………………………………… (23)
2.7　雷达系统的性能因子……………………………………………………… (24)
2.8　涉及半空间的目标的雷达方程和系统性能因子………………………… (25)
2.9　掩埋物体的雷达方程和系统性能因子…………………………………… (27)
2.10　由多层结构和掩埋物体组成的目标 …………………………………… (28)
2.11　本章小结 ………………………………………………………………… (29)
第3章　频率步进雷达传感器分析 ………………………………………… (30)
3.1　引　言……………………………………………………………………… (30)
3.2　频率步进雷达传感器的工作原理………………………………………… (30)
3.3　频率步进雷达传感器的设计参数………………………………………… (36)
3.3.1　角分辨率和距离分辨率………………………………………………… (36)

3.3.2 距离准确度…………………………………………………………………… (39)
3.3.3 模糊距离……………………………………………………………………… (40)
3.3.4 脉冲重复周期………………………………………………………………… (42)
3.3.5 频率步进阶数………………………………………………………………… (42)
3.4 系统性能因子…………………………………………………………………… (42)
3.5 探测距离或穿透深度的估算………………………………………………… (45)
3.5.1 多层目标穿透深度的估算………………………………………………… (45)
3.5.2 掩埋目标穿透深度的估算………………………………………………… (47)
3.6 本章小结………………………………………………………………………… (49)
第4章 SFCW雷达传感器的开发 ……………………………………………… (50)
4.1 引 言…………………………………………………………………………… (50)
4.2 SFCW雷达传感器 ……………………………………………………………… (50)
4.2.1 正交检波器…………………………………………………………………… (51)
4.2.2 毫米波SFCW雷达传感器收发机 ………………………………………… (57)
4.2.3 微波SFCW雷达传感器收发机 …………………………………………… (61)
4.2.4 天线…………………………………………………………………………… (64)
4.2.5 信号处理……………………………………………………………………… (70)
4.2.6 对I/Q误差的补偿 ………………………………………………………… (71)
4.3 本章小结………………………………………………………………………… (76)
第5章 SFCW雷达传感器的表征和测试 ……………………………………… (77)
5.1 引 言…………………………………………………………………………… (77)
5.2 所开发频率步进雷达传感器的电气性能表征……………………………… (77)
5.2.1 微波SFCW雷达传感器 …………………………………………………… (77)
5.2.2 毫米波SFCW雷达传感器 ………………………………………………… (80)
5.3 毫米波SFCW雷达传感器的测试 …………………………………………… (82)
5.3.1 表面轮廓探测………………………………………………………………… (83)
5.3.2 液位探测……………………………………………………………………… (84)
5.3.3 掩埋物体的探测……………………………………………………………… (84)
5.4 微波SFCW雷达传感器的测试 ……………………………………………… (86)
5.4.1 路面样品的探测……………………………………………………………… (87)
5.4.2 实际路面的探测……………………………………………………………… (89)
5.5 本章小结………………………………………………………………………… (92)
第6章 总结和结论 ……………………………………………………………… (93)
参考文献 …………………………………………………………………………… (95)
索 引 ……………………………………………………………………………… (99)

第1章 引 言

1*

一般而言，雷达传感器是一个非常成熟的话题，第二次世界大战前至今，进行了许多雷达技术开发工作。雷达一词的英文“RADAR”是“无线电探测与测距”(radio detection and ranging)的简称，于1940年首次被美国海军采用。然而，人们可能认为雷达概念首次出现在1886年左右，当时海因里希·赫兹(Heinrich Hertz)演示了电磁波的发射、接收和反射。从第二次世界大战中雷达传感器开始作为军用探测设备使用以来，雷达技术已经取得了重大进步，雷达的应用已经扩展到许多非军事领域，应用的射频(RF)频谱从低频到微波、毫米波和亚毫米波频率，例如，异常身体状况的探测、诊断并将结果成像，癌症的早期诊断，地下掩埋物体的探测和检查，隐蔽活动的探测、跟踪和监控等。

在非军事领域，雷达传感器的最重要应用包括表面和表面下探测。在这些领域，雷达传感器作为一种快速、可靠、准确和经济、高效的技术，对表面和表面下进行无损伤、非接触探测，实现各种目的，例如，探测和定位掩埋物体、隧道和考古遗址，测量距离、位移、材料的厚度和含水量，评估木基复合板，探测和检查地下管道基础设施，检查桥梁、公路和其他民用基础设施，例见参考文献[1]-[12]。在表面和表面下探测中，雷达传感器通常采用不同频率调制冲激技术和连续波(continuous wave,CW)方法发射信号，例如，调频连续波(frequency-modulated continuous wave,FMCW)或频率步进连续波(stepped-frequency continuous wave,SFCW)。

冲激系统和FMCW或SFCW系统(或者大致上和其他所有非冲激系统或基于连续波的系统)的最显著差别是在发射波形方面。FMCW系统发射和接收连续波(正弦)信号，每种频率对应一个信号，随后跨越带宽。FMCW系统不会同时发射和接收不同频率的信号。也就是说，FMCW系统基本上是在单频信号的带宽上运行的。而SFCW系统向目标发射连串的连续波信号，发射的频率不同，频率之间有一定的差值，SFCW还接收来自目标的反射信号。然后，利用离散傅里叶逆变换(inverse discrete Fourier transform,IDFT)，将接收的来自目标的同相和正交信号在时域中变换为合成脉冲。这种合成脉冲含有目标的信息。SFCW系统在每种频率下都有非常窄的瞬时带宽，从而在接收机处产生理想的高信噪比。另一方面，其整个带宽可以非常宽，从而分辨率较高。此外，它的平均发射功率较高，可

---

* 此为边码，标示译文对应原著该页起始位置，方便读者使用书末索引。

以实现长距离探测或深穿透。虽然 SFCW 系统最终接收信号被转换为时域脉冲信号，但 SFCW 系统仍然是基于连续波的，并且不会同时发射和接收不同频率的信号。另一方面，冲激系统发射和接收周期性(非正弦)冲激型信号，该冲激型信号含有许多同时发生的频率互不相同的信号成分。换句话说，冲激系统同时发射和接收许多含有不同频率的连续波信号。正是这种特点使冲激系统和 FMCW 或 SFCW 系统(和其他基于连续波的系统)在系统架构、设计、运行、性能和可能的应用等方面显著不同。

以下是对冲激雷达、FMCW 雷达和 SFCW 雷达传感器基本原理的概述。

1.1 冲激雷达传感器

冲激雷达传感器也称为脉冲或时域雷达传感器，通常采用一串脉冲(不严密地讲，可视为一串冲激)、单脉冲(或单循环脉冲)或调制脉冲作为发射波形。图 1.1 给出了其中的一些波形。用于表面下探测的第一批雷达传感器之一是测量煤炭性质的冲激雷达[13]。如图 1.1 所示，冲激雷达传感器按脉冲重复周期(pulse repetition interval，PRI)发射短脉冲串。可以使用晶体管、阶跃恢复二极管(step recovery diodes，SRD)或隧道二极管直接产生这种冲激，例见参考文献[14]-[18]。注意，根据傅里叶级数，也可以通过在不同频率下具有适当振幅和相位的并行正弦信号间接产生周期性脉冲，这种冲激系统可认为等同于频域系统。然而，这种技术实际上在微波频率下非常难以实现，原因是难以在不同频率下产生振幅和相位精确的正弦波形。

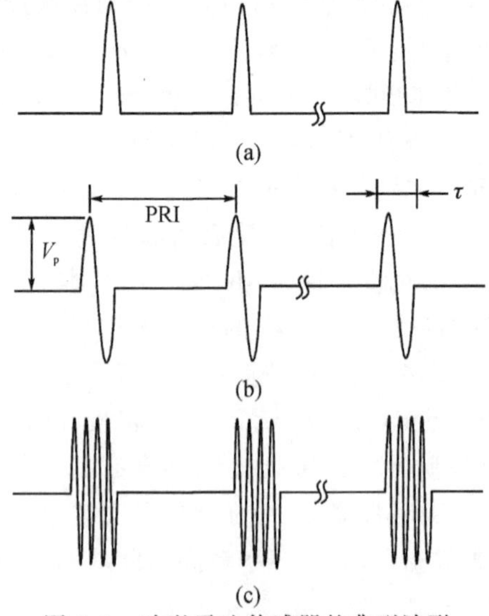

图 1.1 冲激雷达传感器的典型波形

(a)冲激；(b)单脉冲(τ 是脉冲宽度，V_p 是峰值电压)；(c)调制脉冲

冲激雷达传感器由于其简单的架构和设计，已被广泛用于许多探测应用中。系统的距离(或垂直)分辨率表明在特定距离内能够识别多近的目标。分辨率由式(1.1)确定：

$$\Delta R = \frac{v}{2B} \tag{1.1}$$

式中，$v=c/\sqrt{\varepsilon_r}$，$c = 3\times 10^8$ m/s，表示光在空气中的传播速度，ε_r 表示传播介质的相对介电常数，v 表示信号传播速度；B 表示系统的绝对工作带宽，基本上等于发射信号的绝对射频带宽。距离分辨率与带宽成反比。由于冲激型信号的极宽带特性，冲激雷达传感器的带宽通常比基于连续波系统的带宽要大得多，有利于实现较高的分辨率。冲激型信号既含高频率成分又含低频率成分，由于低频率成分的衰减较小，所以使长距离探测成为可能。因此，冲激雷达传感器适合用于需要高分辨率和(或)长距离探测的场合，前提是能将它们设计成可产生持续时间足够短和(或)峰值电压较高的脉冲。超短或高功率脉冲受可用设备技术的限制，难以实现，特别是当既要求持续时间超短又要求峰值电压较高时。所以，冲激雷达传感器的非常高分辨率和(或)长距离探测应用在实践中可能受到限制。应当指出，并非只有冲激雷达传感器存在该问题，设计具有非常高分辨率和能进行长距离探测的极宽频和高功率连续波系统同样是十分困难的。此外，窄脉冲的固有大射频带宽降低了冲激雷达传感器的接收机的噪声系数，这导致接收机的灵敏度降低，因此动态范围减小。还应当指出，冲激雷达传感器通过采用脉冲压缩技术，可以促成长距离探测和高距离分辨率的同时实现。但是，这增加了系统设计的复杂性。在脉冲压缩冲激雷达传感器中，发射一个长脉冲以取得长距离探测和更好探测能力需要大辐射能量。然后，接收信号被接收机内的脉冲压缩滤波器压缩成短得多的脉冲，相当于带宽大得多，因此，提高了距离分辨率。压缩脉冲的振幅也比原始接收信号的振幅大得多，进一步提高了探测能力。已经开发出用于表面和表面下探测的各种脉冲雷达传感器，例见参考文献[1]-[3]、[9]、[12]。

1.2 FMCW 雷达传感器

FMCW 雷达传感器可用于各种表面和表面下探测应用，例如，测量煤层的厚度和探测地下掩埋物体[19-21]。FMCW 雷达传感器的平均功率可以比冲激雷达传感器的平均功率高得多。

图 1.2 显示了采用线性调频发射机的 FMCW 雷达传感器的简化框图。可以通过式(1.2)确定目标的距离 R：

$$R=\frac{v\tau}{2}=\frac{vf_d}{2m} \tag{1.2}$$

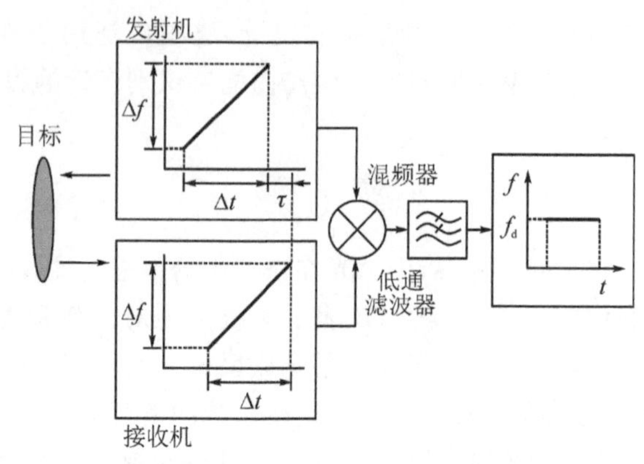

图 1.2　简化的 FMCW 雷达传感器产生线性调制的发射和接收频率以及拍频示意图

式中，f_d表示发射信号和返回信号之间的时延 τ 产生的拍频，经过混频器下变频变换，m 表示扫频速率。

对于给定的距离和传播介质，距离测量的准确度取决于扫频速率的准确度，扫频速率是 FMCW 雷达传感器的一个重要设计参数。实际上，由于合成器的非线性度，特别是当使用电压控制振荡器(voltage-controlled oscillator，VCO)时，难以在宽带上实现准确的和恒定的扫频速率。此外，大的带宽会降低接收机的噪声系数，导致接收机的灵敏度下降，动态范围减小。这些缺点可能会妨碍将 FMCW 雷达传感器用于那些需要非常高距离准确度的宽带运行场合。

1.3　SFCW 雷达传感器

频率步进技术首先由罗宾森(Robinson)等人于 1972 年引入。他们制作了一台 SFCW 雷达传感器，用于探测掩埋物体[22]。但是，直到 20 世纪 90 年代人们才开始对 SFCW 雷达传感器开展积极的研究。

SFCW 雷达传感器将频域内的基带同相(I)和正交(Q)信号的振幅(A_i)和相位(ϕ_i) 变换成时域内的合成脉冲，以确定目标的距离 R[23]。

$$I_i = A_i\cos\phi_i = A_i\cos\left(-\frac{2\omega_i R}{v}\right) \tag{1.3}$$

和

$$Q_i = A_i\sin\phi_i = A_i\sin\left(-\frac{2\omega_i R}{v}\right) \tag{1.4}$$

式中，ω_i表示频率。SFCW 雷达传感器有一些优点[24-25]。首先，它们具有窄的瞬时带宽，显著地改善了接收机的噪声系数，因此提高了灵敏度，扩大了动态范围，同时保持了较理想的平均功率。其次，由于使用连续波信号，SFCW 雷达可以发射较高的平均功率，从而可以实现长距离探测或深穿透。第三，通过适当的信号处理，可以对发射机和接收机固有缺陷造成的非线性效应方便地进行修正。第四，因为系统在特定时间只发射一个频率，所以它通过信号处理有利于对接收的在发散性和损耗性介质（具有已知的特性）内传播的信号进行准确的补偿。第五，由于基带I/Q信号的低频率，系统的模数（A/D）转换器使用了非常低的采样频率，使电路设计较容易并且精度较高。最后，通过发射具有某些振幅和相位的信号，可以对发射的频谱进行适当赋形，这些振幅和相位有助于进一步改善系统的性能，例如，分辨率和信噪比。这反过来有助于对组件在某些频率的响应缺陷，以及其他的因系统和工作环境原因而造成的不可避免影响（例如，在传播介质中的损耗）进行补偿。然而，应当指出，在实际中设计出可以在不同频率（特别是毫米波频率）发射具有指定振幅和相位的信号的微波发射机是非常困难的。SFCW 雷达传感器复杂，难以设计，并且昂贵。但是对许多探测应用而言，因为上文提及的那些优点，人们可以忍受这些缺点。对这些探测应用而言，SFCW 雷达传感器是具有吸引力的解决方案，这也是对 SFCW 雷达传感器开展重要研究和应用的动力。 6

已经开发出用于探测应用的各种 SFCW 雷达传感器，其中一些专门为表面和表面下探测而设计，实例见参考文献[3]、[8]、[10]、[11]、[26]-[29]。在参考文献[3]中介绍了为探测地雷而开发的在 1～2 GHz 范围内工作的 SFCW 雷达传感器。在参考文献[8]中介绍了为距离测量而开发的 Ka 频段（26.5～40 GHz）SFCW 雷达传感器。在参考文献[10]中，报告了在 0.6～5.6 GHz 范围内工作的微波 SF-CW 雷达传感器，用于描述公路表面下的特征。在参考文献[11]中介绍了开发的另一种在 29.72～37.7 GHz 范围内工作的毫米波 SFCW 雷达传感器，它用于表面和表面下探测。在参考文献[26]中介绍了为探测路面垫层内水分而开发的在 0.6～1.112 GHz 范围内工作的 SFCW 雷达传感器。在参考文献[27]中介绍了为探测掩埋物体而开发的在 490～780 MHz 范围内工作的 SFCW 雷达传感器。在参考文献[28]中提及的 SFCW 系统在 10～620 MHz 范围内工作。在参考文献[29]中报告的 SFCW 雷达传感器在 0.5～6 GHz 范围内工作，其目的是利用市售的网络分析仪探测混凝土裂缝。

在军事、安全、民用、商业、医药和卫生保健方面，SFCW 雷达传感器得到无数应用。下面列举其中的一些应用。

军事和安全方面的应用：飞机、隧道、隐蔽武器、隐藏的毒品、掩埋的地雷和未爆炸弹药等目标的探测、定位和识别；人员的定位和跟踪；隐蔽活动的探测和识别；穿墙成像和侦察；建筑物的侦测和监控。

民用和商业方面的应用：民用构筑物（例如，公路、桥梁、建筑物、地下掩埋管道）异常状况的检测、识别和评价；物体的定位和识别；液体体积和液位的测量；材料的评估和过程控制；地球物理勘探，测高；汽车和航空器的防碰撞和避障。 7

医药和卫生保健方面的应用:肿瘤的探测和成像;病人的健康检查;医学成像。

本书介绍了 SFCW 雷达传感器。SFCW 雷达传感器涉及许多方面,若要完整覆盖,则需要一本很厚的书。本书的目的不是完整覆盖 SFCW 雷达传感器的方方面面。本书如此简短,确实无法对 SFCW 雷达传感器进行完整的讨论。我们意图以一种简洁的方式介绍 SFCW 雷达传感器的基本部分,包括系统和组件分析、设计、信号处理和测量。虽然简洁,但足够详尽,以便读者能理解和根据预定的研究或商业应用设计 SFCW 雷达传感器。

本书在有限的范围内介绍了 SFCW 雷达传感器及其组件的理论、分析和设计,但具有重要的细节。它涉及 SFCW 雷达传感器的以下方面:系统分析、发射机设计、接收机设计、天线设计、信号处理以及系统集成和测试。为了介绍 SFCW 雷达传感器的理论、分析和设计,本书充分详细地介绍了两种 SFCW 雷达传感器及其组件的开发工作和信号处理技术。这两种 SFCW 雷达传感器分别使用微波集成电路(microwave integrated circuits, MIC)和微波单片集成电路(millimeter-wave integrated circuits, MMIC)。本书还提供了这些系统的表面和表面下探测的各种测量结果,以验证系统的可使用性。这些测量结果也作为示例,不仅展示了这些传感器在表面和表面下探测中的一些特定用途,还提出了它们的其他一些可能的用途。

本书的结构如下:第 1 章介绍 SFCW 雷达传感器及其可能的应用;第 2 章介绍雷达传感器的一般分析过程;第 3 章介绍 SFCW 雷达传感器的分析过程;第 4 章介绍使用 MIC 和 MMIC 的微波和毫米波 SFCW 雷达传感器的开发过程,包括发射机、接收机和天线的设计以及信号处理;第 5 章介绍开发的微波和毫米波 SFCW 雷达传感器的电气测试和探测技术;最后,第 6 章是总结和结论。

第2章　雷达传感器的一般分析过程

9

2.1　引　言

雷达传感器的运行和性能与电磁(electromagnetic,EM)波(或通常称为信号)的传播有关。雷达传感器的发射机向目标或物体发射信号。由于目标的电和(或)磁特性受目标周围的传播信号的介质的电和(或)磁特性的影响而发生变化,所以当信号入射到目标上时,向各个方向散射。在接收天线的方向上传播的散射信号被接收机捕获和处理。因此,为了理解雷达传感器的工作过程和性能以及描述目标的特性,了解信号状态和对散射信号进行分析是很重要的。在雷达传感器的设计和操作中需要了解信号状态和对散射信号进行分析。

决定雷达传感器性能的两个最重要特性是“分辨率”和“距离”(或通常在表面下探测中使用的“穿透深度”)。角分辨率(也称为横向分辨率或侧向分辨率)取决于天线,而距离分辨率由信号的绝对带宽确定,或者,具体对频率步进连续波(SF-CW)雷达传感器而言,由SFCW系统产生的与目标相对应的合成脉冲的宽度确定。这些问题将在第3章中详细讨论。另一方面,距离由各种参数确定,这在本章中讨论。其中一些参数由设计者确定并在系统及其组件的设计中使用,例如,发射机功率、天线增益、信号频率、接收机增益、噪声系数、动态范围和灵敏度。本章介绍了这些参数。其他参数取决于传播信号的介质和各个目标的特性。介质的特性直接影响传播常数,传播常数与传播信号的损耗和速率有关,而传播信号的损耗和速率基本上决定了信号在介质中传播的方式。目标有各自的特性和雷达截面积(radar cross section,RCS),造成入射信号的反射、透射、扩展损耗和散射。这些参数不由设计者控制。但是,如果这些参数已知,则可以为雷达传感器的架构及组件的设计提供有价值的信息。所以这些参数对雷达传感器的设计而言很重要。

10

本章讨论雷达传感器分析过程的各个方面,包括信号传播(涉及麦克斯韦方程、波动方程和传播常数)、物体的信号散射(涉及反射、透射、雷达截面积)、系统方程(通常包括半空间和掩埋目标的弗里斯(Friis)传输方程和雷达方程)、信噪比、接收机灵敏度、最大距离和穿透深度、系统性能因子。

2.2 信号传播

信号在介质中的传播由麦克斯韦方程或波动方程(由麦克斯韦方程导出)和介质的特性决定。本节假定信号为稳态正弦时变信号,对这些方程进行简短介绍。

2.2.1 麦克斯韦方程和波动方程

微分(或点)形式的麦克斯韦方程如下:

$$\nabla \times \boldsymbol{E} = -\mathrm{j}\omega \boldsymbol{B} \tag{2.1a}$$

$$\nabla \times \boldsymbol{H} = \boldsymbol{J} + \mathrm{j}\omega \boldsymbol{D} \tag{2.1b}$$

$$\nabla \cdot \boldsymbol{D} = \rho \tag{2.1c}$$

$$\nabla \cdot \boldsymbol{B} = 0 \tag{2.1d}$$

式中,$\boldsymbol{E}$、$\boldsymbol{H}$、$\boldsymbol{D}$ 、$\boldsymbol{B}$、$\boldsymbol{J}$ 和 ρ 分别表示(相量)电场强度、磁场强度、电通密度(或电位移)、磁通密度(或磁感应强度)、电流密度和电荷体密度。它们都是频率和位置的函数。

材料的电通密度与电场强度、磁通密度与磁场强度之间的关系由下列结构方程式确定:

$$\boldsymbol{D} = \varepsilon_0 \varepsilon_r \boldsymbol{E} = \varepsilon \boldsymbol{E} \tag{2.2}$$

11 和

$$\boldsymbol{B} = \mu_0 \mu_r \boldsymbol{H} = \mu \boldsymbol{H} \tag{2.3}$$

式中,$\varepsilon_0 = 8.854 \times 10^{-12}$ F/m 和 $\mu_0 = 4\pi \times 10^{-7}$ H/m,分别表示空气的介电常数(或电容率)和磁导率,ε_r和 ε 分别表示材料的相对介电常数(或相对电容率)和介电常数(或电容率),μ_r和 μ 分别表示材料的相对磁导率和磁导率。大多数材料是非磁性的,μ_r接近 1。大多数材料也是“简单”介质,即线性、均匀、各向同性,并且有恒定的 ε_r和 μ_r。

(传导)电流与电场的关系由下式确定:

$$\boldsymbol{J} = \sigma \boldsymbol{E} \tag{2.4}$$

式中,σ 表示材料的电导率。

尽管可以从麦克斯韦方程,按照边界条件,确定介质中信号的电场和磁场以及传播特点,但是使用(单一)波动方程确定这些特点更方便。可以从麦克斯韦方程导出波动方程:

$$\nabla^2 \boldsymbol{E} - \gamma^2 \boldsymbol{E} - \mathrm{j}\omega\mu \boldsymbol{J} - \frac{1}{\varepsilon} \nabla \rho = \boldsymbol{0} \tag{2.5a}$$

$$\nabla^2 \boldsymbol{H} - \gamma^2 \boldsymbol{H} - \nabla \times \boldsymbol{J} = \boldsymbol{0} \tag{2.5b}$$

式中,$\gamma = \alpha + \mathrm{j}\beta$,表示传播常数,$\alpha$ (Np/m) 和 β(rad/m)分别表示衰减常数和相

位常数。

2.2.2　传播常数、损耗和速率

一般而言，介质用其复介电常数或复电容率表征，这导致在介质中传播信号的复传播常数概念的提出。传播常数的实部和虚部分别被称为衰减常数和相位常数。信号的损耗和传播速率分别由衰减常数和相位常数决定。实际传播信号的介质总有损耗性和发散性，因而不完美。实际介质的电导率不为零，介质中总有损耗存在，这种损耗称为介电损耗。它减小了雷达的传输功率，因此也减小了雷达传感器的最大距离或穿透深度。另一方面，速率决定了可探测目标的距离。

(实际)损耗性介质和(理想的)无损耗介质的介电特性可以用复介电常数或复电容率 ε_c 描述： 12

$$\varepsilon_c \equiv \varepsilon' - j\varepsilon'' = \varepsilon - j\,\frac{\sigma}{\omega} \tag{2.6}$$

式中

$$\varepsilon' = \varepsilon = \varepsilon_0 \varepsilon_r$$
$$\varepsilon'' = \frac{\sigma}{\omega} \tag{2.7}$$

ε' 和 ε'' 都是频率的函数，ε'' 与在介质中的损耗有关。我们还可以用复相对介电常数表征损耗性介质：

$$\varepsilon_{cr} = \frac{\varepsilon_c}{\varepsilon_0} = \varepsilon_r' - j\varepsilon_r'' = \varepsilon_r - j\,\frac{\sigma}{\omega\varepsilon_0} \tag{2.8}$$

注意：$\varepsilon_r' = \varepsilon_r$。

在介质中的损耗通常用损耗角正切表征，损耗角正切定义为复介电常数的虚部和实部之比：

$$\tan\delta = \frac{\varepsilon''}{\varepsilon'} = \frac{\varepsilon_r''}{\varepsilon_r'} = \frac{\sigma}{\omega\varepsilon} = \frac{\sigma}{\omega\varepsilon_0\varepsilon_r} \tag{2.9}$$

当然，损耗角正切取决于频率。正如相对介电常数 ε_r 和复相对介电常数 ε_{cr} 那样，介质的损耗角正切也是可以测量的。

可以推导出在损耗性介质中传播的信号的传播常数：

$$\begin{aligned}\gamma &= \alpha + j\beta = j\omega\sqrt{\mu\varepsilon_c} \\ &= j\omega\sqrt{\mu\varepsilon}\sqrt{1 - j\,\frac{\sigma}{\omega\varepsilon}} = j\omega\sqrt{\mu\varepsilon'}\sqrt{1 - j\,\frac{\varepsilon''}{\varepsilon'}} = j\omega\sqrt{\mu\varepsilon}\,\sqrt{1 - j\tan\delta}\end{aligned} \tag{2.10}$$

或

$$\gamma = jk_0\sqrt{\varepsilon_r' - j\varepsilon_r''} = jk_0\sqrt{\varepsilon_r'}\sqrt{1 - j\,\frac{\varepsilon_r''}{\varepsilon_r'}} \tag{2.11}$$

13 式中，$k_0=\omega\sqrt{\mu_0\varepsilon_0}$，表示空气中的波数，考虑非磁介质的 $\mu_r=1$。

可以用相位常数确定信号的速率：

$$v=\frac{\omega}{\beta} \tag{2.12}$$

对于损耗较小的介质，$\sigma/(\omega\varepsilon)\ll 1$ 或 $\varepsilon_r'\ll\varepsilon''$，因此 $\tan\delta\ll 1$，在式(2.10)和式(2.11)中，传播常数可以用二项式级数近似地求出：

$$\gamma=\alpha+j\beta=\frac{k_0\varepsilon_r''}{2\sqrt{\varepsilon_r'}}+jk_0\sqrt{\varepsilon_r'}=\frac{\omega\sqrt{\mu_0\varepsilon'}}{2}\tan\delta+j\omega\sqrt{\mu_0\varepsilon'} \tag{2.13}$$

信号的速率用下式求得：

$$v=\frac{1}{\sqrt{\mu_0\varepsilon_0\varepsilon_r}}=\frac{c}{\sqrt{\varepsilon_r}} \tag{2.14}$$

式中，$c=3\times10^8$ m/s，表示电磁波在空气中的传播速度。

对于高损耗介质，$\sigma\gg\omega\varepsilon'$ 或 $\tan\delta\gg 1$，从式(2.10)和式(2.11)，我们可以推导出下式：

$$\gamma=\alpha+j\beta=j\omega\sqrt{\mu\varepsilon}\sqrt{j\frac{\sigma}{\omega\varepsilon}}=\sqrt{j}\sqrt{\omega\mu\sigma}=(1+j)\sqrt{\pi f\mu\sigma} \tag{2.15}$$

信号的速率用下式求得：

$$v=2\sqrt{\frac{\pi f}{\mu_0\sigma}} \tag{2.16}$$

在第 4 章和第 5 章中介绍了开发的微波和毫米波 SFCW 雷达传感器，它们用于表面和表面下探测。对路面结构进行了一种表面下探测。典型的路面由三层组成：沥青层、基层和垫层。垫层基本上是无限厚的自然土。实际中使用的普通路面材料可以视为低损耗和非磁性材料[30-31]。表 2.1 列出了沥青层和基层的典型参数[9]。利用基于介电测量系统的矢量网络分析仪，在 3 GHz 处测量复相对介电常数的实部(ε_r')和虚部(ε_r'')的值。可以在实验室内对许多样品进行此类测量。

表 2.1 公路路面材料的典型电气特性

参数	沥青层	基层
ε_r'	5～7	8～12
ε_r''	0.035	0.2～0.8

14 表 2.1 中的参数值表明，这些路面材料可以被认为是低损耗材料。值得注意的是，这些测量是在实验室内模拟野外环境，使用雷达传感器进行探测的。然而，实际情况通常更复杂，导致材料的特性与表中的值有差异。这些材料的特性用复相对介电常数表征，受环境因素，例如雨、雪、水分和温度的影响较大。这些材料的

特性也是频率、结构内的空间和材料成分的函数。此外，对给定材料而言，样品与样品之间的特性差异也很大。这些因素导致实际复相对介电常数与实验室内测得的值不同，实际材料的损耗性可能非常高。

实际介质例如路面材料等是发散性的，导致相位常数 β 成为频率的非线性函数，速率则依频率而定，可以从式(2.12)导出速率。这样，在雷达传感器内，不同频率信号以不同的速率传播。因此，来自目标的回波信号在不同的频率有不同的相位。复合信号被接收机捕获和合并后失真。所以，在设计雷达传感器中，尤其是当工作频率范围较大、频率较高时，应当考虑材料的发散性以及因材料的发散性引起的速率差异。另外应注意，当频率高于 1 GHz 时，水的弛豫效应占主导地位[1]，使发散现象更显著。

在介质中传播的信号的衰减程度由介质的特性决定。考虑到这一点，以及(简单)介质的特性与波形类型和信号源无关这种事实，可以假定信号是正弦均匀平面波，以简化公式又不失普遍性。为了进一步简化分析过程，假设在介质内没有电荷($\rho = 0$)和电流($\boldsymbol{J}=0$)，并且在介质内，信号沿 z 向传播。我们只用沿 x 向的电场分量和沿 y 向的磁场分量表示信号。(相量)电场和磁场可以用波动方程(2.5a，2.5b)确定：

$$\boldsymbol{E}=\boldsymbol{\alpha}_x E_0 \mathrm{e}^{-\alpha z}\mathrm{e}^{-\mathrm{j}\beta z} \tag{2.17}$$

和

$$\boldsymbol{H}=\boldsymbol{\alpha}_y H_0 \mathrm{e}^{-\alpha z}\mathrm{e}^{-\mathrm{j}\beta z}=\boldsymbol{\alpha}_y \frac{E_0}{|\eta|}\mathrm{e}^{-\alpha z}\mathrm{e}^{-\mathrm{j}(\beta z-\phi_\eta)} \tag{2.18}$$

式中，E_0 和 H_0 分别表示电场和磁场的初始值($z = 0$)，$\eta=|\eta|\angle\phi_\eta$ 表示介质的本征阻抗。当信号沿 z 向传播时，电场和磁场的量值按指数规律减小($\mathrm{e}^{-\alpha z}$)。

式(2.17)和(2.18)表示电场和磁场的振幅发生衰减。当距离为 d 时，衰减量由下式确定：　15

$$A=\mathrm{e}^{-\alpha d} \tag{2.19}$$

或者，以 dB 为单位：

$$A_{\mathrm{dB}}=-20\alpha d\lg\mathrm{e}=-8.686\alpha d(\mathrm{dB}) \tag{2.20}$$

信号的时间平均功率密度($\mathrm{W/m^2}$)由下式确定：

$$\boldsymbol{S}=\frac{1}{2}\mathrm{Re}(\boldsymbol{E}\times\boldsymbol{H}^*)=\boldsymbol{\alpha}_z\frac{E_0^2}{2|\eta|}\cos(\phi_\eta)\mathrm{e}^{-2\alpha z} \tag{2.21}$$

式中，星号(*)表示共轭量。式(2.21)表明，当信号沿 z 向传播时，在介质中信号的功率按指数规律($\mathrm{e}^{-2\alpha z}$)减小。可以由下式确定入射到目标的表面 S 上的总时间平均功率：

$$\boldsymbol{P}=\frac{1}{2}\mathrm{Re}\int_S(\boldsymbol{E}\times\boldsymbol{H}^*)\mathrm{d}s \tag{2.22}$$

式(2.21)和(2.22)可用于确定在任何介质内传播的信号的有效功率的量值和方向。

关于表面下探测涉及的材料特性,以及它们对雷达传感器的性能和分析过程的大致影响,需要在这里予以说明。表面下介质,例如路面材料的沥青层和基层,是非常复杂的。它们非常不均匀,发散性和损耗性高。不均匀性产生不规则,造成信号散射和过高的杂波噪声,使目标探测复杂化。发散性使回波信号失真。如上文提及,这些材料的特性是频率、结构内的空间、材料成分和环境因数的函数。此外,在使用雷达传感器时,常常遇到天线与地面相距很近这种情况,这使雷达传感器信号的行为复杂化。所以,要精确地分析在真实测试环境中雷达在表面下介质内的信号传播,即便不是不可能,也是非常困难的。所以,不可能准确地计算信号穿过表面下介质返回到雷达传感器这一过程中的总损耗。

16

2.3 入射到目标上的信号的散射

入射到目标上的信号发生散射,朝向接收天线传播的一部分散射能量被天线捕获。在给定的传播介质内,散射功率由目标的电磁特性和物理结构决定。这样,如果目标的特性和结构以及传播介质已知,则可以估算到达接收天线的功率。

2.3.1 半空间信号的散射

如果信号入射到不同介质的分界面上,则一部分能量被反射,一部分能量透射穿过分界面。为简化起见,假设信号是均匀平面波。对平面而言,反射系数和透射系数取决于入射信号的极化类型、入射角和透射角以及介质的本征阻抗。有两种极化:平行极化和垂直极化。如果电场在入射平面内,则信号有平行极化。在平行极化条件下,磁场垂直于入射平面。另一方面,如果电场垂直于入射平面,则信号有垂直极化,磁场位于入射平面内。图 2.1 显示了在平行极化条件下的电场和磁场。

2.3.1.1 在单一分界面上的反射

考虑两种不同介质之间的单一分界面,如图 2.1 所示,通过对在分界面的电场和磁场的切向分量应用边界条件,可以推导出平行(par)和垂直(per)极化的反射系数(Γ_{par}和 Γ_{per})和透射系数(T_{par}和 T_{per}):

$$\Gamma_{par}=\frac{\eta_2\cos\phi_t-\eta_1\cos\phi_i}{\eta_2\cos\phi_t+\eta_1\cos\phi_i} \tag{2.23}$$

$$\Gamma_{per}=\frac{\eta_2\cos\phi_i-\eta_1\cos\phi_t}{\eta_2\cos\phi_i+\eta_1\cos\phi_t} \tag{2.24}$$

$$T_{par}=\frac{2\eta_2\cos\phi_i}{\eta_2\cos\phi_t+\eta_1\cos\phi_i} \tag{2.25}$$

17

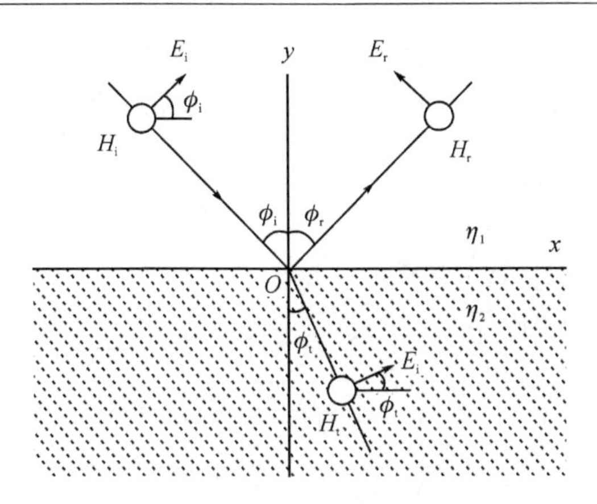

图 2.1　入射到两种不同介质之间的分界面上的信号在平行极化条件下的电场和磁场。入射平面是 xOy 平面

$$T_{\text{per}}=\frac{2\eta_2\cos\phi_i}{\eta_2\cos\phi_i+\eta_1\cos\phi_t} \tag{2.26}$$

式中，η_1 和 η_2 分别表示介质 1 和 2 的本征阻抗，ϕ_i 和 ϕ_t 分别表示入射角和透射角。入射角和透射角的关系是

$$\frac{\sin\phi_i}{\sin\phi_t}=\frac{\sqrt{\varepsilon_{r2}}}{\sqrt{\varepsilon_{r1}}} \tag{2.27}$$

式中，ε_{r1} 和 ε_{r2} 分别表示介质 1 和 2 的相对介电常数。反射系数和透射系数是复数，这是因为(实际)损耗性介质的本征阻抗是复数。

考虑入射到分界面上，穿过损耗性介质 1 的平行极化信号，如图 2.2 所示，在离分界面的距离为 R 处，从分界面反射的时间平均功率密度 $S_r(R)$，可由式(2.21)求得

$$S_r(R)=|\Gamma_{\text{par}}|^2\exp(-4\alpha_1 R)S_i(R) \tag{2.28}$$

式中，$S_i(R)$ 表示在 R 处的入射时间平均功率密度，α_1 表示介质 1 的衰减常数。因为在分界面上有反射，在传播介质中有衰减，所以可被接收天线捕获的反射功率减小了。

18

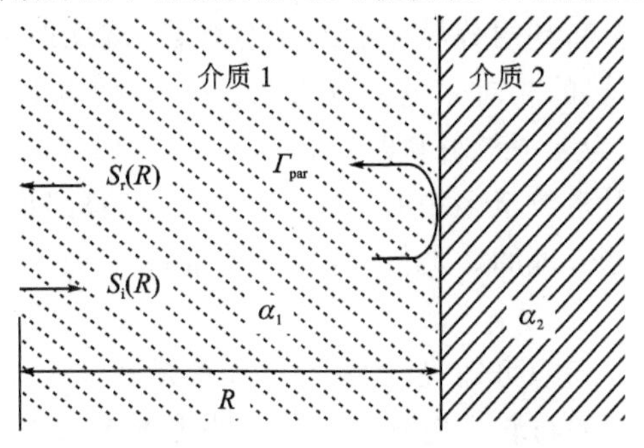

图 2.2　分界面的入射功率和反射功率

图 2.3 表示入射到空气和无损耗介质(相对介电常数为 2、4、6、8 和 10)之间的平坦分界面上的平面波,在平行极化和垂直极化条件下的反射系数量值与入射角的关系。

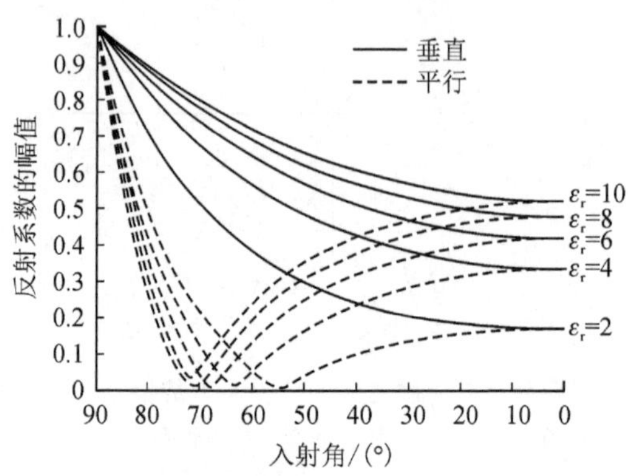

图 2.3　从空气中入射到不同介质上的平面波的反射系数的量值

在特定位置,相对于入射信号相位的分界面反射信号的相位,由反射系数的相位、在传播介质中的速度和该位置离分界面的距离确定。

19　可以用式(2.23)～式(2.26)取 $\phi_i=0$ 获得法向入射的反射系数和透射系数。例如,在平行极化条件下,反射系数为

$$\Gamma_{\text{par}}=\frac{\eta_2-\eta_1}{\eta_2+\eta_1} \tag{2.29}$$

对于低损耗和非磁性材料,例如,表 2.1 所示的路面材料,本征阻抗几乎是实数,因此可以近似成 $\eta=\sqrt{\mu_0/(\varepsilon_0\varepsilon_r)}=377/\sqrt{\varepsilon_r}\ \Omega$,因此可将式(2.29)改写成

$$\Gamma_{\text{par}}=\frac{\sqrt{\varepsilon_{r1}}-\sqrt{\varepsilon_{r2}}}{\sqrt{\varepsilon_{r1}}+\sqrt{\varepsilon_{r2}}} \tag{2.30}$$

式中,ε_{r1} 和 ε_{r2} 分别表示介质 1 和 2 的相对介电常数的实部。

为了验证式(3.30)可用于表 2.1 所列实际路面材料,利用式(2.29)和式(2.30)分别计算沥青层和基层分界面上的反射系数,该反射系数是基层相对介电常数虚部的函数,而基层的相对介电常数为 0.2～0.8,如表 2.1 中所示。从图 2.4 可以看出,当假设材料为无损耗材料时,利用近似方程(2.30)算得的反射系数与利用式(2.29)确定的反射系数至多相差 1%。所以,当计算路面材料的反射系数时,这种无损耗材料假设是合理的。类似地,当计算路面材料的透射系数时,也可将材料假设为无损耗材料。

20　从式(2.29)或式(2.30)可知,反射系数的相位是 0 或 π 弧度。例如,如果信号是从一种介电常数较低的材料入射到另一种介电常数较高的材料,则反射信号的极性与入射信号的极性相反。这种现象发生于表面下探测雷达传感器的大多数实

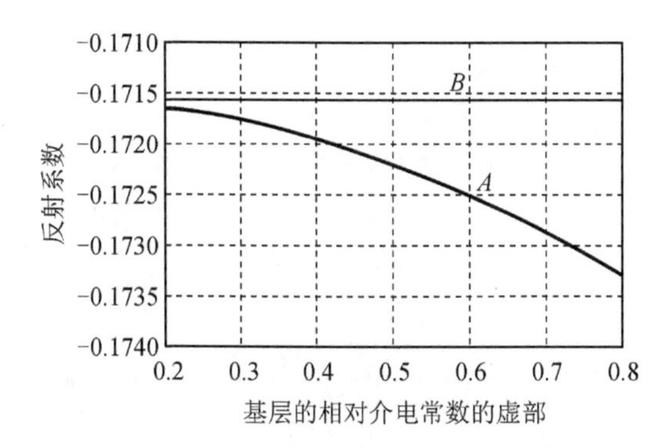

图 2.4　分别利用式(2.29)和式(2.30)算出的沥青层和基层分界面上法向入射的反射系数 A 和 B

际应用中，例如，评价路面材料或探测掩埋物体。反之，当入射信号从一种介电常数较高的材料传播到另一种介电常数较低的材料时，反射信号的极性与入射信号的极性相同。反射信号的极性与入射信号的关系可用于辅助分析被探测的目标。例如，如果反射信号的极性与入射信号的极性相同，则这个结果可用于探测气穴。气穴表明路面、桥面、木材、墙壁等内部可能存在缺陷。

对于高损耗材料而言，如果不能假设无损耗状态，则求出的反射系数不接近实数值。复反射系数使反射信号的相位落在 $0 \sim 2\pi$ 弧度，具体相位取决于材料的损耗性。此外，相对介电常数是频率的函数，所以反射系数的相位还随入射信号的频率而变化。因此，需要了解材料在所关注频率的相对介电常数，以确定反射系数的相位。

2.3.1.2　在多层结构中的反射和透射

雷达传感器用于探测，特别是表面下探测，例如，探测路面材料的特性时，涉及多层结构。为了分析在介质中传播的信号，以提取目标的信息，需要确定不同层分界面上的透射信号和反射信号以及透射系数和反射系数。

当信号入射到多层结构上时，如图 2.5 所示，在多个分界面上发生反射和透射，造成反射信号和透射信号在这些层内传播。在图 2.5 中，这些信号由相应的电场强度(E)表示。为简化叙述又不失一般性起见，只考虑三层，信号最多只反射到第三个分界面上。在第一个分界面上，总反射信号由所有反射信号组成，总反射信号的电场 $E_{r,total}$ 的量值可以近似等于各个反射信号的电场之和：

$$E_{r,total} = E_{r1} + E_{r2} + E_{r3} + E'_{r2} \tag{2.31}$$

式中，E_{r1} 表示在第一个反界面上的第一个反射电场的量值，E_{r2} 表示第二个分界面的反射信号穿过第一个分界面的透射电场的量值，E_{r3} 表示第三个分界面的反射信号穿过第一个分界面的透射电场的量值，E'_{r2} 表示第二个分界面的另一个反射信号穿过第一个分界面的透射电场的量值。E_{r1}、E_{r2} 和 E_{r3} 是单反射引起的，与单反射信号相对应；E'_{r2} 是双反射产生的，与双反射信号相对应，如图 2.5 所示。这些

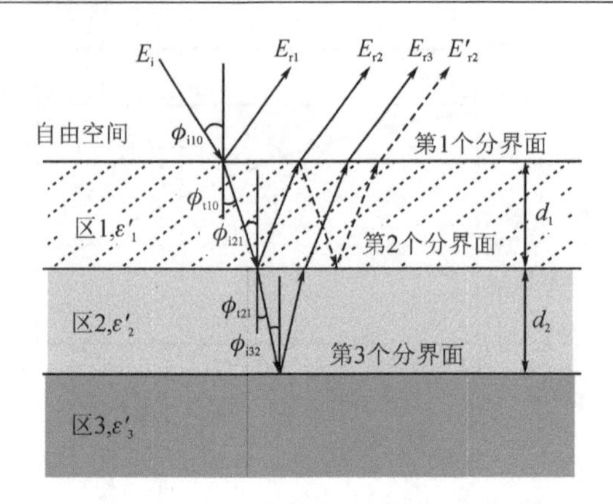

图 2.5　三层结构的反射波和透射波

电场强度用以下各式表示：

$$E_{r1} = \Gamma_{10} E_i \tag{2.32}$$

$$E_{r2} = T_{10}\Gamma_{21}T_{01}E_i \exp\left(-\frac{2\alpha_1 d_1}{\cos\phi_{t10}}\right)E_i \tag{2.33}$$

$$E_{r3} = T_{10}T_{21}\Gamma_{32}T_{12}T_{01}\exp\left(-\frac{2\alpha_1 d_1}{\cos\phi_{t10}}\right)\exp\left(-\frac{2\alpha_2 d_2}{\cos\phi_{t21}}\right)E_i \tag{2.34}$$

$$E'_{r2} = T_{10}\Gamma_{21}\Gamma_{01}\Gamma_{21}T_{01}\exp\left(-\frac{\alpha_1 d_1}{\cos\phi_{t10}}\right)E_i \tag{2.35}$$

式中，Γ_{10}和 T_{10}分别表示从 0 区入射到 1 区的信号的反射系数和透射系数，ϕ_{t10}表示从 0 区入射到 1 区的信号的透射角，α_1和 α_2分别表示介质 1 和 2 的衰减常数，d_1和 d_2分别表示介质 1 和 2 的厚度。在第 n 个分界面的单反射电场的量值 E_{rn}和在 n 区的双反射电场的量值可用以下两式求出：

22

$$E_{rn} = \Gamma_{n,n-1}\left[\prod_{m=1}^{n-1} T_{m,m-1}T_{m-1,m}\exp\left(-\frac{2\alpha_m d_m}{\cos\varphi_{tm,m-1}}\right)\right]E_i \tag{2.36}$$

$$E'_{rn} = \Gamma^2_{n,n-1}\Gamma_{n-2,n-1}\exp\left(-\frac{2\alpha_n d_n}{\cos\varphi_{tn,n-1}}\right)\left[\prod_{m=1}^{n-1} T_{m,m-1}T_{m-1,m}\right]E_i \tag{2.37}$$

式中，n 和 m 表示各个分界面或区。实际上，反射系数通常比对应的透射系数小，这导致可忽略总反射电场中的双反射电场。

如果入射信号与结构垂直，则可用下式求出从第 n 个分界面反射的时间平均功率密度 $S_{rn}(R)$：

$$S_{rn}(R) = \Gamma^2_{n,n-1}\left[\prod_{m=1}^{n-1} T^1_{m,m-1}T^2_{m-1,m}\right]\left[\prod_{k=1}^{n-1}\exp(-4\alpha_k d_k)\right]S_i(R) \tag{2.38}$$

式中，$S_i(R)$ 表示在 R 处的时间平均入射功率密度，α_k表示第 k 号介质的衰减常数，R 表示距分界面的距离。式(2.38)表明，如果透射系数较小，如预期的那样，则雷达的反射功率和回波功率显著减小。

穿过两种不同材料间的分界面传播的透射信号，相对于该分界面入射信号的相位的相位，由透射系数的相位确定。如式(2.25)和(2.26)所示，透射系数的量值是正实数，透射系数的相位可以在 0～2π 弧度。特别是对无损耗材料，透射系数是一个实数，这导致透射信号的极性和入射信号的极性相同。值得注意的是，透射系数的相位取决于入射信号的频率和材料的损耗性。

2.3.2　雷达截面积

目标的雷达截面积(radar cross section，RCS)，表示雷达系统看见的目标的反向散射截面积(因此也被称为“反向散射截面积”)。它是雷达传感器设计和性能的重要参数。RCS 主要取决于工作波长和系统查看目标的角度。RCS 可以计算或测量。将 RCS 定义为截获发射功率并在各个方向上均匀(或各向同性地)辐射(或散射)入射功率的目标的有效面积[32]。可以用下式表示：

$$\sigma = 4\pi \frac{\text{朝向接收机每单位立体角内的时间平均散射功率}}{\text{在目标位置的入射波的时间平均功率密度}} \tag{2.39}$$

23

这在数学上相当于

$$\sigma = \lim_{R\to\infty} 4\pi R^2 \frac{|\boldsymbol{E}_s|^2}{|\boldsymbol{E}_i|^2} = \lim_{R\to\infty} 4\pi R^2 \frac{P_s}{P_i} \tag{2.40}$$

式中，$\boldsymbol{E}_s$ 和 P_s 分别表示离目标的距离为 R 处的散射电场和时间平均功率密度的量值，$\boldsymbol{E}_i$ 和 P_i 分别表示目标的入射电场和时间平均入射功率密度的量值，R 表示目标和接收天线之间的距离(或称为范围)。从式(2.40)可推断 RCS 与 R 无关，因为功率密度与 R^2 成反比关系这种事实；这一点在意料之中，因为 RCS 是目标自射的特性。RCS 为系统设计者提供雷达系统观测的目标的一些关键特性。当距离 R 比波长大时，将入射信号视为均匀平面波。

表 2.2 表示在光学区内典型几何形状的理论 RCS 值(即 $2\pi r/\lambda > 10$)[23]，式中，RCS 计算值与球体的实际截面积之比等于 1。这些值非常准确，因为球体的 RCS 与光学区内的频率无关。对用于多介质结构(例如，由沥青层、基层和各种垫层组成的路面、建筑物的墙体等)的表面或表面下探测的雷达传感器而言，最典型的几何形状是半空间。可以将半空间看成一块无限大的光滑或粗糙平板(取决于板的粗糙度)[31]。

表 2.2　典型几何形状的雷达截面积

几何形状	尺寸	RCS(σ)
球体	r(半径)	πr^2
平面	$r\times r$	$4\pi r^2/\lambda^2$
圆柱体	$H\times r$	$2\pi r H^2/\lambda$

注：λ 表示波长。

2.4 系统方程

2.4.1 弗里斯(Friis)传输方程

弗里斯传输方程提供一种非常简单的估算普通射频系统的接收功率和发射功率的方法。它是通信和探测领域的一个基本方程。

24 图 2.6 表示由发射机、接收机和天线组成的简单(双基地)射频系统。为简化叙述又不失一般性起见,假设系统和传输介质是理想的,即系统已极化匹配,天线、发射机和接收机完美匹配,天线无损耗,信号的发射和接收无散射,天线和传输介质无损耗。

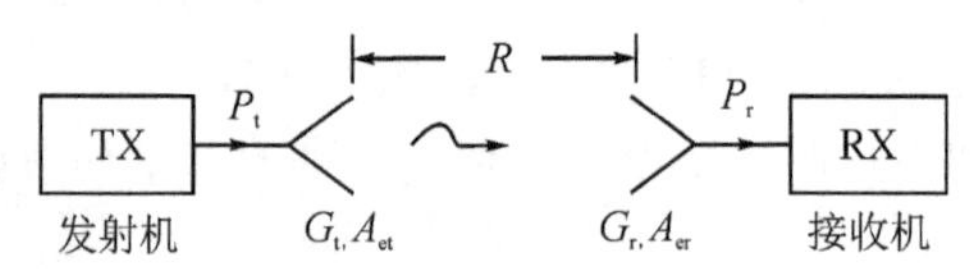

图 2.6 简单射频系统的框图

P_t表示发射机(TX) 的输出功率,假设它等于发射天线发射的功率;P_r表示到达接收机(RX)的功率,假设它等于接收天线接收到的功率;G_t和 A_{et}分别表示发射天线的增益及有效天线口径,G_r和 A_{er}分别表示接收天线的增益和有效天线口径;R 表示发射天线和接收天线之间的距离。

天线的有效面积或口径表示捕获入射能量的天线面积。将天线的有效面积定义为天线接收功率与功率密度之比,数学推导成

$$A_e(\theta,\phi)=\frac{\lambda^2}{4\pi}G(\theta,\phi) \tag{2.41}$$

式中,θ 和 ϕ 分别表示球坐标系中的(角)坐标,λ 表示工作波长,$G(\theta, \phi)$表示天线的增益。假设发射天线各向同性,则由发射天线照射功率产生的接收天线处的功率密度由下式确定:

$$S_r=\frac{P_t}{4\pi R^2} \tag{2.42}$$

与具有增益 G_t的发射天线相对应的接收功率密度由下式确定:

$$S_r=\frac{P_t G_t}{4\pi R^2} \tag{2.43}$$

接收机接收的功率由下式确定:

$$P_r=S_r A_{er}=\frac{P_t G_t}{4\pi R^2}A_{er} \tag{2.44}$$

利用式(2.41)和式(2.44),可以推出

$$\frac{P_r}{P_t}=G_t G_r\left(\frac{\lambda}{4\pi d}\right)^2 \tag{2.45}$$

25

这就是弗里斯传输方程，它可用于确定给定发射功率的最优接收功率。

实际上，系统运行期间，因为各种原因（例如，发射天线和接收天线之间极化失配、散射、在发射机和接收机处的失配损耗、在天线和传输介质中的损耗等）而发生损耗。考虑这些损耗后，推导出下式：

$$\frac{P_r}{P_t}=G_t G_r L\left(\frac{\lambda}{4\pi R}\right)^2 \tag{2.46}$$

式中，$L<1$ 表示系统运行期间的总损耗，包括系统损耗本身和传播介质的损耗。介质损耗用功率损耗因子 $e^{-2\alpha R}$ 来说明，式中 α 表示介质的衰减常数。

最大探测或通信距离与接收机的最小可探测功率 $P_{r,min}$ 相对应，利用式（2.46），可以确定最大探测或通信距离：

$$R_{max}=\frac{\lambda}{4\pi}\sqrt{G_t G_r L\,\frac{P_t}{P_{r,min}}} \tag{2.47}$$

从式中可以看出，若要距离增大 1 倍，必须使发射功率增大到原来的 4 倍，这是相当大的功率。

2.4.2　雷达方程

雷达方程决定雷达系统内发射功率和接收功率之间的关系，考虑了系统的天线增益、损耗、工作频率，以及目标的距离和雷达截面积。它是在雷达系统设计和分析中使用的一个重要方程。

我们考虑了一种单基地系统，使用两套独立的协同天线，或同一套天线发射和接收信号，如图 2.7 所示。目标的功率密度与在式（2.43）中确定的功率密度相同，R 表示从天线到目标的距离，如图 2.7 所示。由发射天线发射的功率被在不同方向上的目标所截获和再辐射（散射和反射），取决于目标的散射特点。在接收天线方向，考虑图 2.7（a），再辐射功率由下式确定：

$$P_\sigma=\frac{P_t G_t}{4\pi R^2}\sigma \tag{2.48}$$

26

在理想无损耗条件下，目标回波功率产生的在接收天线的功率密度由下式确定：

$$S_r=\frac{P_t G_t \sigma}{(4\pi R)^2} \tag{2.49}$$

使用在式（2.41）中确定的天线有效面积，接收机接收的目标反射信号的功率与发射机发射的功率之比，可由下式确定：

$$\frac{P_r}{P_t}=\sigma\,\frac{G_t G_r \lambda^2}{(4\pi)^3 R^4} \tag{2.50}$$

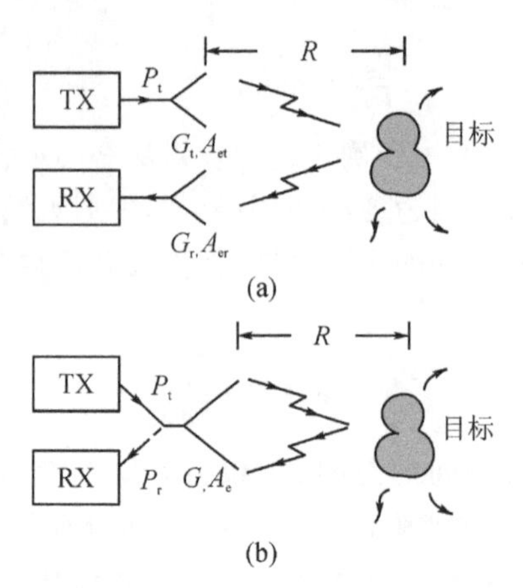

图 2.7 配备两套天线(a)和一套天线(b)的简单单基地系统

这是为大家所熟知的雷达方程。

对于在实际条件下运行的雷达系统而言,雷达方程变成

$$\frac{P_r}{P_t}=\sigma\frac{G_t G_r \lambda^2 L}{(4\pi)^3 R^4} \tag{2.51}$$

式中,$L<1$,仍然表示系统在工作条件下的总损耗包括系统损耗和介质损耗。传播介质的介质损耗是 $e^{-4\alpha R}$,这也说明了为什么能在 2 倍的目标距离上传播。考虑这种损耗后,可以将雷达方程 (2.51)改写成

27

$$\frac{P_r}{P_t}=\sigma\frac{G_t G_r \lambda^2 L' e^{-4\alpha R}}{(4\pi)^3 R^4} \tag{2.52}$$

式中,L'表示系统本身的损耗。雷达方程涉及发射功率、天线增益、系统损耗、工作频率、目标的 RCS 最大距离或穿透深度、传播介质的衰减常数。其中,发射功率、天线增益、系统损耗和工作频率由系统设计者控制和设定,但是,目标的 RCS 最大距离或穿透深度和传播介质的衰减常数不受系统设计者控制。

根据式(2.51)和式(2.52),可以确定最大距离为

$$R_{max}=\left[\frac{P_t\sigma G_t G_r L\lambda^2}{(4\pi)^3 P_{r,min}}\right]^{1/4}=e^{-\alpha R_{max}}\left[\frac{P_t\sigma G_t G_r L'\lambda^2}{(4\pi)^3 P_{r,min}}\right]^{1/4} \tag{2.53}$$

它与 $P_t^{1/4}$ 成正比。应当指出,R_{max}的第二种表达式(2.53)为超越方程,可以用数值法例如牛顿-拉弗森(Newton-Raphson)法求解。

现在可以看到,为了使最大距离增加 1 倍,需要将发射功率增加到原来的 16 倍。这是一个非常大的值,在高功率长距离应用射频条件下,当使用某些设备技术,特别是毫米波技术时,不可能实现。式(2.51) 和式(2.52)表明,目标的 RCS 越大,探测越容易。现在,可以认识到,物体(例如,飞机或掩埋物体)的 RCS 是一个非常重要的参数。当设计这些物体或设计用于探测这些物体的系统时,需要考虑该参数。

当图 2.7(a)中的发射天线和接收天线相同,或者考虑图 2.7(b)所示的单天线时,雷达方程变成

$$\frac{P_r}{P_t}=\sigma\frac{G^2\lambda^2 L}{(4\pi)^3R^4}=\sigma\frac{G^2\lambda^2 L'\mathrm{e}^{-4\alpha R}}{(4\pi)^3R^4} \tag{2.54}$$

式中 $G = G_t = G_r$,表示天线增益,相应的最大距离是

$$R_{\max}=\left[\frac{P_t\sigma LG^2\lambda^2}{(4\pi)^3P_{r,\min}}\right]^{1/4}=\mathrm{e}^{-\alpha R_{\max}}\left[\frac{P_t\sigma L'G^2\lambda^2}{(4\pi)^3P_{r,\min}}\right]^{1/4} \tag{2.55}$$

对单天线单基地系统[如图 2.7(b)所示]而言,利用式(2.21),可以获得在目标位置的入射电场 E_i 量值的平方,其中,$|E_i|=|E_0|\mathrm{e}^{-\alpha R}$,$E_0$ 表示在天线处发射电场的原始振幅:

28

$$|E_i|^2=\frac{|2\eta|}{\cos\phi_\eta}\frac{P_tG\mathrm{e}^{-2\alpha R}}{4\pi R^2} \tag{2.56}$$

目标散射信号当朝向天线传播时发生衰减,在天线处散射电场 E_s 量值的平方可由下式确定:

$$|E_s|^2=\frac{|2\eta|}{\cos\phi_\eta}\frac{P'_r}{A_e} \tag{2.57}$$

式中,$P'_r=P_r/G$,表示被天线捕获的功率。

2.5　系统的信噪比

在实际运行中,系统性能受噪声影响。可以将影响系统运行的噪声分成两种:外部噪声和内部噪声。外部噪声表示系统周围环境引起的噪声,包括附近静止和移动物体注入的噪声。这种噪声通常在低频时较大,但在射频范围内较小,而且,总体来说,与射频接收机本身产生的内部噪声相比可以忽略不计。接收机噪声是系统内占主导地位的噪声,也是接收机固有的噪声。在运行中,接收机的输出信号包括由期望目标产生的信号、杂波信号、外部噪声和干扰。图 2.8 是接收机输出电压的草图。如果接收机本身产生的噪声电平较高,或者接收到的信号较弱,那么系统就不能准确地执行预定功能,例如探测目标。门限电平通常用于减小噪声和杂波的影响。然而,如果将门限电平设置得太高,则会降低系统的探测能力。从另一方面讲,如果门限电平较低,则可能导致探测不准确。利用信号处理技术,可以减小和识别杂波的影响。为了提高系统的探测能力或通信性能,需要降低接收机噪声,或者,需要增大接收机的信噪比(S/N)。尽管接收机噪声不可避免,但射频设计者可以将它控制到某个程度。

29

接收机噪声一般包含三种不同的噪声。第一种称为转换噪声,是在某些接收机的工作过程中产生的,例如,FM-AM(调频-调幅)转换噪声。第二种称为低频

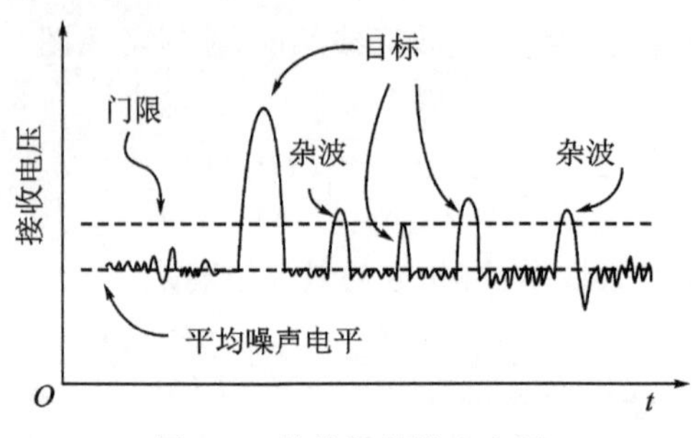

图 2.8 接收机的输出电压

噪声，是在混频过程中产生的。转换噪声和低频噪声取决于接收机的类型，例如，零差接收机或 FMCW 接收机。第三种噪声称为热噪声或约翰孙噪声，由接收机组件内电子的热运动产生，这种噪声始终存在于接收机内。在本书中只考虑热噪声。

接收机输入端的可用最大热噪声功率由下式确定：

$$P_{Ni}=kTB \tag{2.58}$$

式中，$k=1.374\times10^{-23}$ J/K，表示玻耳兹曼常数，T 表示接收机输入端的绝对温度(K)，B 表示噪声带宽(Hz)，它是接收机工作的绝对射频带宽。可用噪声功率 P_{Ni} 与接收机工作频率无关。在典型的室温(62 ℉，约为 16.67 ℃)工作条件下，热噪声(kT)大约等于－174 dBm/Hz。可以看出，这种噪声在大带宽范围内可以非常大，以至于会降低接收机的噪声性能，因此也降低系统的性能。

我们将理想或无噪声接收机定义为：当输入热噪声 P_{Ni} 通过该接收机时，接收机不产生附加噪声，除非接收机增益增加热噪声电平。现在，考虑实际的(非理想的)接收机，它向理想接收机产生的噪声添加额外的噪声。将这种接收机的噪声系数定义为

$$F=\frac{\text{实际接收机输出噪声功率 } P_{No}}{\text{理想接收机输出噪声功率 } GP_{Ni}}=\frac{P_{No}}{kTBG} \tag{2.59}$$

式中，G 表示接收机的可用功率增益，它由下式确定：

$$G=\frac{P_{So}}{P_{Si}} \tag{2.60}$$

式中，P_{Si} 和 P_{So} 分别表示在接收机的输入端和输出端的(实)信号的有效功率。在接收机输出端的总噪声功率可由下式确定：

$$P_{No}=FkTBG=kT_{n}BG \tag{2.61}$$

式中，$T_{n}=FT$，表示每赫兹热噪声功率，定义为接收机的(等效)“噪声温度”。可以利用式(2.59)和式(2.61)求出接收机的噪声系数，它等于接收机输入端的信噪比与输出端的信噪比之比：

$$F=\frac{P_{\mathrm{Si}}/P_{\mathrm{Ni}}}{P_{\mathrm{So}}/P_{\mathrm{No}}}=\frac{\text{输入端的信噪比}}{\text{输出端的信噪比}} \tag{2.62}$$

此式比式(2.59)更为射频工程师所熟知。可以看出，在探测或通信应用中，噪声系数的确降低了接收机输出端的信噪比。接收机的这种品质因数与接收机的噪声有关。噪声系数被认为是接收机的最重要参数之一。在接收机的设计中，重要的一点是，使各个组件(特别是那些靠近接收机前端的组件)的噪声数值最小化。一台典型的接收机由组件级联而成，例如，超外差接收机前端主要由带通滤波器、低噪声放大器、混频器和中频放大器组成，其噪声系数取决于各个组件。应当指出，无源组件(例如带通滤波器)的噪声系数等于该组件插接损耗的倒数。例如，一个插接损耗为 3 dB 的带通滤波器的噪声系数等于 2，或者按分贝计，等于 3 dB。利用雷达方程(2.52)，可以求出接收机(输出端)的信噪比：

$$\frac{S}{N}=\sigma\frac{P_{\mathrm{t}}G_{\mathrm{t}}G_{\mathrm{r}}\lambda^{2}L'\mathrm{e}^{-4\alpha R}}{(4\pi)^{3}R^{4}FkTB} \tag{2.63}$$

特别应当指出，在实际系统运行中，接收机产生的信噪比的值，比接收机接收到的实际信号和噪声信号的绝对功率重要得多。

2.6　接收机灵敏度

接收机灵敏度表示接收机的最小可探测输入信号电平，因此，用于衡量接收机探测信号的能力。系统可以探测从目标返回的信号或由另一个系统发出的信号，前提是接收功率高于接收机灵敏度。接收机灵敏度(S_{R})由接收机的噪声温度(T_{n})、带宽(B)、噪声系数(F)和信噪比(S/N)确定。

图 2.9 表明接收机探测回波信号所需要的灵敏度。对接收机带宽，进入接收机的噪声温度(kT)增加到 kTB。通过接收机的噪声系数和信噪比，噪声温度进一步增加到值 $kTBF(S/N)$。将这个最终噪声电平定义为接收机的灵敏度，或可被接收机探测到的最小输入信号功率：

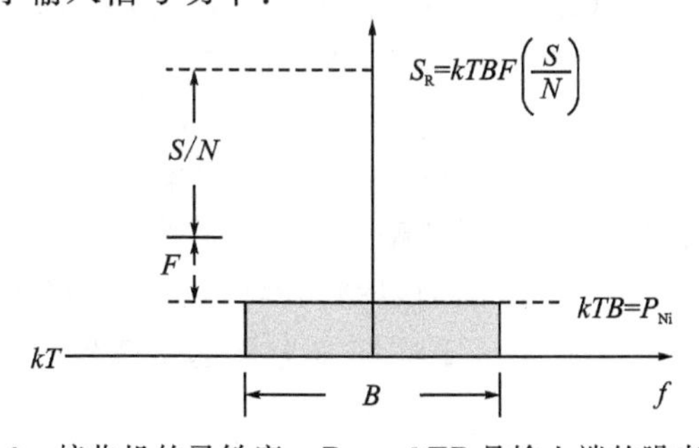

图 2.9　接收机的灵敏度。$P_{\mathrm{Ni}}=kTB$ 是输入端的噪声功率

$$S_{\mathrm{R}}=kTBF\left(\frac{S}{N}\right) \tag{2.64}$$

应当指出的是，S_{R} 不是功率密度。当接收功率等于接收机灵敏度时，达到的系统最大距离可以用式(2.51) 或式(2.52)和式(2.63)改写成

$$R_{\max}=\left[\frac{P_{\mathrm{t}}\sigma G_{\mathrm{t}}G_{\mathrm{r}}L\lambda^{2}}{(4\pi)^{3}kTBF\left(\frac{S}{N}\right)}\right]^{1/4}=\mathrm{e}^{-\alpha R_{\max}}\left[\frac{P_{\mathrm{t}}\sigma G_{\mathrm{t}}G_{\mathrm{r}}L'\lambda^{2}}{(4\pi)^{3}kTBF\left(\frac{S}{N}\right)}\right]^{1/4} \tag{2.65}$$

这里需要提及平均功率和峰值功率。有益的一点是，考虑平均功率，例如，平均发射功率。平均发射功率由下式确定：

$$P_{\mathrm{t,avg}}=\frac{P_{\mathrm{t}}}{B} \tag{2.66}$$

式中，B 表示在评估系统参数(例如，最大距离)时提及的发射机和接收机的绝对(射频)带宽。平均发射功率是可控因子之一，广泛用于系统设计中，并与使用的波形类型有关。利用平均发射功率，我们可以将式(2.65)改写成

$$R_{\max}=\left[\frac{P_{\mathrm{t,avg}}\sigma G_{\mathrm{t}}G_{\mathrm{r}}L\lambda^{2}}{(4\pi)^{3}kTF\left(\frac{S}{N}\right)}\right]^{1/4}=\mathrm{e}^{-\alpha R_{\max}}\left[\frac{P_{\mathrm{t,avg}}\sigma G_{\mathrm{t}}G_{\mathrm{r}}L'\lambda^{2}}{(4\pi)^{3}kTF\left(\frac{S}{N}\right)}\right]^{1/4} \tag{2.67}$$

32

从式(2.67)可以推断，如果高平均发射功率与较小的带宽结合，可实现长距离探测或深穿透。

2.7 雷达系统的性能因子

系统性能因子(SF)可用下式定义[33]：

$$\mathrm{SF}=\frac{P_{\mathrm{t}}}{S_{R}} \tag{2.68}$$

该因子是系统的品质因数，用于衡量系统的总体性能。在用于估算系统距离的系统方程中，系统性能因子是最重要参数之一。因为最小可探测信号与系统的最大距离相对应，所以，利用式(2.51)或式(2.52)、式(2.64)和式(2.68)，令接收功率等于接收机灵敏度(S_{R})，我们可以导出系统性能因子：

$$\mathrm{SF}=\frac{(4\pi)^{3}R_{\max}^{4}}{G_{\mathrm{t}}G_{\mathrm{r}}L\sigma\lambda^{2}}=\frac{(4\pi)^{3}R_{\max}^{4}}{G_{\mathrm{t}}G_{\mathrm{r}}L'\sigma\lambda^{2}\mathrm{e}^{-4\alpha R_{\max}}} \tag{2.69}$$

在式(2.69)中确定的性能因子忽略了接收机的影响。然而，在实际系统中，系统性能因子受实际接收机动态范围的限制。因此，有必要将接收机动态范围修正量纳入到系统性能因子中，在第 3 章频率步进雷达传感器分析中，我们将阐明这一点。

2.8　涉及半空间的目标的雷达方程和系统性能因子

在 2.5 节中描述的雷达方程是一般形式的雷达方程。为了针对特定应用(例如,探测像路面那样的多层结构或掩埋的物体)提供更多信息和指导,需要根据在这些应用中遇到的特定条件,对雷达方程进行修改,以实现更准确地表征,例如,估算最大距离或穿透深度。

我们首先考虑离天线的距离为 R 处的单一半空间目标,如图 2.10(a)所示,并假设均匀平面波从法线方向入射到分界面上。利用式(2.44),考虑分界面的反射、往返行程 $2R$ 和传播介质的损耗,我们可以导出天线接收的功率算式:

$$P_r=\frac{P_r G_r A_{er} L}{4\pi(2R)^2}\Gamma^2 \tag{2.70}$$

33

式中,Γ 表示反射系数的量值,L (<1)表示介质的损耗。利用式(2.41)和式(2.70),从式(2.51)求出半空间的 RCS:

$$\sigma=\pi R^2\Gamma^2 \tag{2.71}$$

通过运用在参考文献[31]中提出的镜像技术,考虑图 2.10(b),也可以导出方程(2.39)。

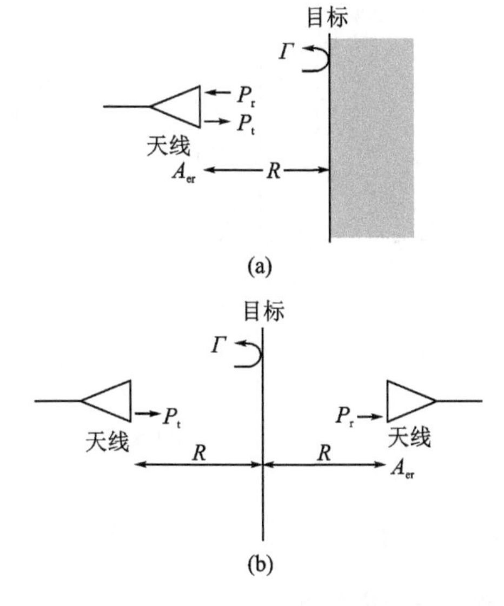

图 2.10　用来自天线(a)和其等效天线 (b)(利用镜像技术)的均匀平面波照射的单一半空间目标

现在，我们考察由两层材料组成的目标，假定各层都是半空间，以启示更具普遍性的多层目标的分析过程。这种简单结构能简化叙述和说明信号之间的相互作用，同时又不失一般性。图 2.11(a)所示为双层半空间目标，均匀平面波倾斜入射到第一个分界面上，天线的增益相同，并且位置互相靠近。将上述单一分界面的分析过程推广到图 2.11(a)描述的两个连续分界面，或者分析图 2.11(b)所示的根据镜像原理而获得的等效结构，我们可以从式(2.70)导出天线接收的功率。据此，我们用式(2.33)中的双分界面反射条件下的复反射系数，替代式(2.70)中的反射系数 Γ，得到

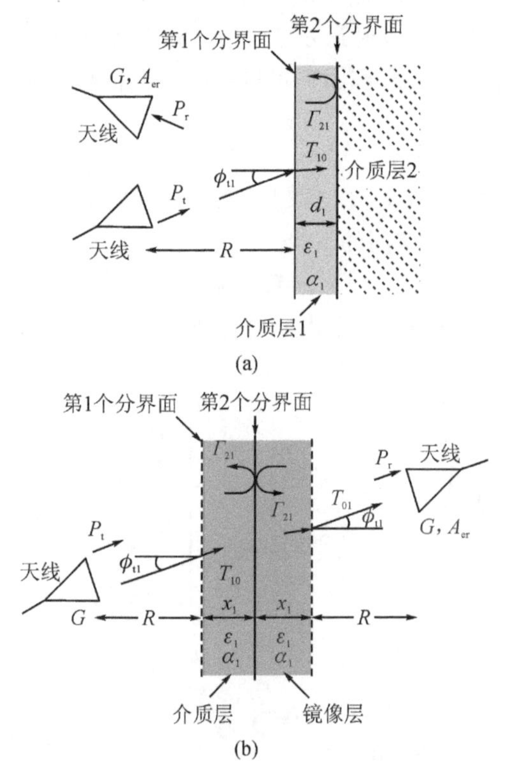

图 2.11　用天线(a)和其等效天线 (b)(用镜像技术获得)的均匀平面波照射的双层半空间目标

$$\Gamma = T_{10}\Gamma_{21}T_{01}\exp\left(-\frac{2\alpha_1 d_1}{\cos\phi_{t10}}\right) \tag{2.72}$$

考虑倾斜入射，方程(2.70)中的 R 为

$$R = \frac{R}{\cos\phi_{i1}} + \frac{x_1}{\cos\phi_{t10}} \tag{2.73}$$

式中，ϕ_{i1} 和 ϕ_{t10} 分别表示在第一个分界面的入射角和透射角。值得注意的是，第 1 层的厚度 d_1 应当用 $x_1 = d_1\sqrt{\varepsilon_{r1}}$ 代替，ε_{r1} 表示第 1 层的介电常数，因为信号速率在

该层内降低。确定从第二个分界面反射的，天线接收的功率的雷达方程，现在可以用下式表达：

$$P_{r2}=\frac{P_tG^2\lambda^2L}{(4\pi)^2\left(\frac{2R}{\cos\phi_{i1}}+\frac{2x_1}{\cos\phi_{t10}}\right)^2}\Gamma_{21}^2T_{10}^2T_{01}^2\exp\left(-\frac{4\alpha_1d_1}{\cos\phi_{t10}}\right) \tag{2.74}$$

对多层目标，将每层都假设成一个半空间，可以将式(2.74)的结果推广，得到多层目标的雷达方程：

$$P_{rn}=\frac{P_tG^2\lambda^2L\Gamma_{n,n-1}^2\left[\prod_{m=1}^{n-1}T_{m,m-1}^2T_{m-1,m}^2\exp\left(\frac{-4\alpha_md_m}{\cos\phi_{tm,m-1}}\right)\right]}{(4\pi)^2\left(\frac{2R}{\cos\phi_{i1}}+\sum_{l=1}^{n-1}\frac{2x_l}{\cos\phi_{tl,l-1}}\right)} \tag{2.75}$$

式中，P_{rn}表示从第 n 个分界面到达接收天线的功率。

如果 $P_{rn}\geqslant S_R$，那么第 n 个分界面是可探测的。接着，可以利用式(2.68)、式(2.69)和式(2.75)求出雷达的系统性能因子：

$$\mathrm{SF}=\frac{64\pi^2\left(\frac{R}{\cos\phi_{i1}}+\sum_{l=1}^{n-1}\frac{x_l}{\cos\phi_{tl,l-1}}\right)^2}{G^2\lambda^2L'\Gamma_{n,n-1}^2\left[\prod_{m-1}^{n-1}T_{m,m-1}^2T_{m-1,m}^2\exp\left(-\frac{4\alpha_md_m}{\cos\phi_{tm,m-1}}\right)\right]} \tag{2.76}$$

方程(2.76)可用于估算在多层半空间目标(例如，路面各层)探测中，雷达传感器的最大距离或穿透深度。

2.9　掩埋物体的雷达方程和系统性能因子

图 2.12 所示为在表面下的介质中掩埋的一个物体，用来自天线的在空气中的均匀平面波(假设无损耗)照射该物体。考虑倾斜入射、在表面上的透射系数 T_{10} 和介质的衰减常数 α_1，可以从式(2.43)导出在物体位置的时间平均功率密度：

36

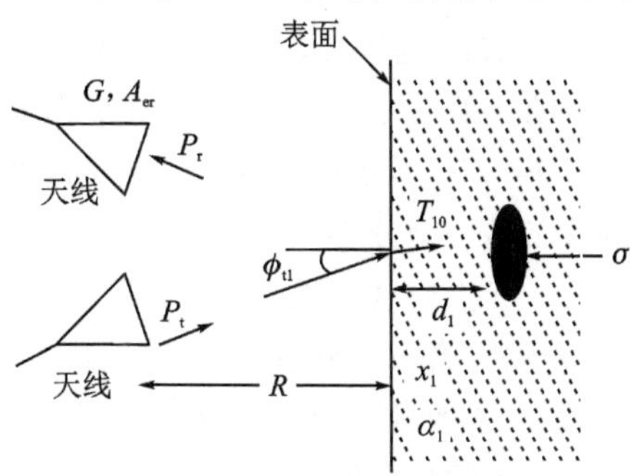

图 2.12　表面下掩埋的物体

$$S=\frac{P_{t}G_{t}}{4\pi\left(\frac{R}{\cos\phi_{i1}}+\frac{x_{1}}{\cos\phi_{t10}}\right)^{2}}T_{10}^{2}\exp\left(-\frac{2\alpha_{1}d_{1}}{\cos\phi_{t10}}\right) \tag{2.77}$$

假设物体的 RCS 近似等于半空间的 RCS：

$$\sigma=\pi\left(\frac{R}{\cos\phi_{i1}}+\frac{x_{1\max}}{\cos\phi_{t10}}\right)^{2}\Gamma^{2} \tag{2.78}$$

式中，Γ 表示物体表面的反射系数。然后，可以利用式(2.41)和式(2.71)，从式(2.74)式导出物体的反射功率：

$$P_{r}=\frac{P_{t}GA_{er}\sigma L'}{(4\pi)^{2}\left(\frac{R}{\cos\phi_{i1}}+\frac{x_{1}}{\cos\phi_{t10}}\right)^{4}}T_{10}^{2}T_{01}^{2}\exp\left(-\frac{4\alpha_{1}d_{1}}{\cos\phi_{t10}}\right) \tag{2.79}$$

从而可以导出在式(2.68)中定义的系统性能因子：

$$\mathrm{SF}=\frac{64\pi^{3}\left(\frac{R}{\cos\phi_{i1}}+\frac{x_{1\max}}{\cos\phi_{t10}}\right)^{4}}{G^{2}\lambda^{2}\sigma T_{10}^{2}T_{01}^{2}L'\exp\left(-\frac{4\alpha_{1}d_{1\max}}{\cos\phi_{t10}}\right)} \tag{2.80}$$

式中，$d_{1\max}=x_{1\max}/\sqrt{\varepsilon_{r1}}$，据此可以确定表面下的最大可探测距离 $d_{1\max}$。

37

2.10　由多层结构和掩埋物体组成的目标

如果目标涉及在多层结构内掩埋的物体，例如，图 2.13 所示的那些目标，则分析过程变得更复杂。以下的目标模型图解说明一些实际目标，例如，由多层材料组成的存在缺陷(例如，空穴)的路面或木基复合板。图 2.13 显示从空气中入射到表面上的信号产生的多重透射和反射，分别用 T'_s 和 Γ'_s 表示。如 2.8 节和 2.9 节所述，推导雷达方程和系统性能因子时，对多层结构内的波的传播进行建模采用传统的方法，该方法基于以下假设：(1) 整个结构中只有一个均匀平面波在传播；(2) 各层材料都是均质的(例如，无空穴)；(3) 最终离开表面的反射波的反射系数，等于越过第一个分界面朝左的各个反射波的所有反射系数之和。对物体嵌入在多层材料内的结构，例如图 2.13 所示的结构，这些假设非常不准确。当信号以高频率入射到此结构上时，在第一个分界面上入射波会激励出无穷大数量的不同的波，包括传播波和倏逝波。产生的这些波，经过反射进入空气中，或经过透射进入第一层材料内。一部分透射波当入射到在第一层材料中掩埋的物体上时，也会产生其他的反射波和透射波。这种过程会在后续层内继续发生。尽管随着离分界面和掩埋物体的距离的增大，倏逝波会消逝。但是，当以这些频率出现在分界面和物体附近时，它们的影响显著，所以必须予以考虑，以准确地确定最终反射系数、雷达方程和系统性能因子。当利用各种全波电磁技术，例如，模式匹配法[34]，进行传

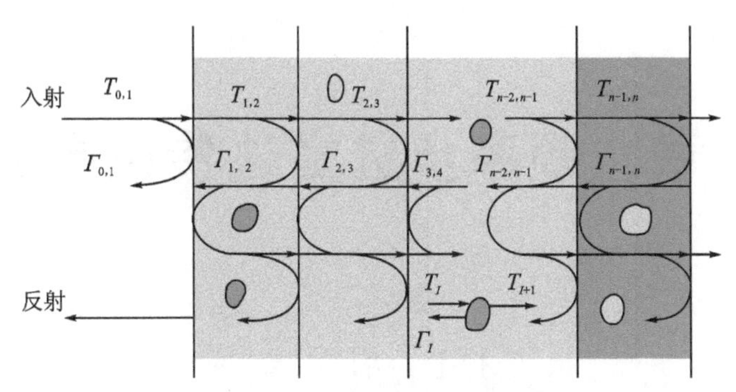

图 2.13　在多层材料内掩埋的物体

播分析时,可以考虑这些影响。

2.11　本章小结

38

本章介绍了雷达传感器的一般分析过程,特别讨论了在介质(指在雷达传感器使用过程中遇到的那些介质)内的信号传播、物体散射信号、系统方程(包括弗里斯传输方程和雷达方程)、信噪比、接收机灵敏度、最大距离或穿透深度、系统性能因子等方面。如果理解了这些基本参数,将有助于大致了解雷达传感器的可能的性能和工作特性,从而能进行一般分析。这对探测应用微波系统的设计而言,大有裨益。

39

第3章　频率步进雷达传感器分析

3.1　引　言

本章介绍频率步进连续波(SFCW)雷达传感器分析的各个方面,包括工作原理、设计参数、动态范围和系统性能因子、多层结构和掩埋目标探测中最大距离或穿透深度估算。该分析过程包含:对发射和接收信号、下变频变换数字化同相(I)和正交相位(Q)信号及其复I/Q矢量、目标表征合成脉冲等问题的讨论;设计参数包括角分辨率、距离分辨率、频率步进量、频率步进阶数、总带宽、距离或穿透深度、距离准确度、距离模糊度和脉冲重复周期;动态范围和系统性能因子;多层结构和掩埋目标探测中最大距离或穿透深度的估算。

3.2　频率步进雷达传感器的工作原理

SFCW雷达传感器按不同的频率朝目标发射连串的正弦信号,接收目标反射的信号,并处理这些信号以获取目标的信息。在此过程中,在各步进频率上接收的信号被下变频变换成中频(IF)信号。中频信号然后被调制成基带同相(I)和正交(Q)信号。这些信号通过模/数转换器转换成数字信号。然后,通过离散傅里叶逆变换(IDFT),变换成时域内的“合成脉冲”。合成脉冲以电信号的形式表示目标,合成脉冲经过处理以表示目标的特点。应当指出的是,这些传输的正弦信号的振幅和相位通常不为获得特定的振幅和相位而进行加权处理。但经过适当地加权处理后,这些传输的信号的振幅和相位会提高SFCW雷达传感器的性能。在实际中非常难以实现的是,设计一台微波发射机能按不同频率发射具有规定的振幅和相位的信号,特别是毫米波区。以下对SFCW雷达传感器的这一过程进行详尽的分析。

40

发射的频率(f_0, f_1, …, f_{N-1})按均匀的频率步进量Δf分开,如图3.1所示。图3.1显示了传输的信号及其频率。SFCW雷达传感器本质上作为调频系统工作,它们的频率调制如图3.1(c)所示。从图3.1可知,总带宽是$N\Delta f$,N表示频率步进阶数,PRI表示发射机合成器的脉冲重复周期。脉冲重复周期定义为发射各单频率信号成分需要的时间,它是在SFCW雷达传感器设计中需要考虑的一个重要参数。

41

运行时,SFCW雷达传感器向各个目标发射整个工作频率范围内的所有信

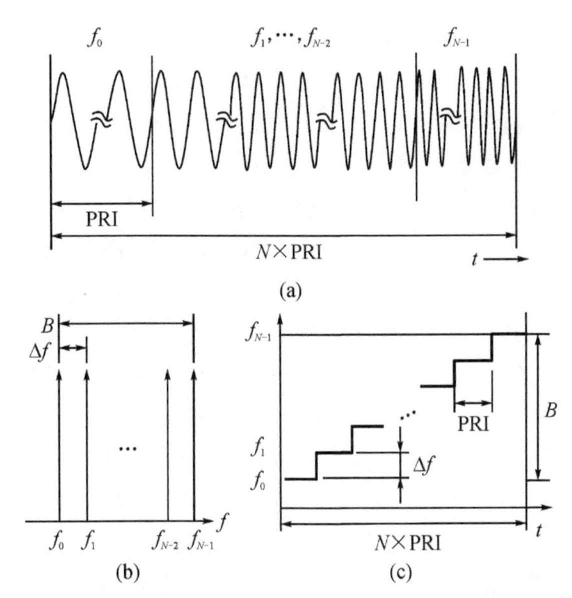

图 3.1 SFCW 雷达传感器发射的信号:(a)波形;(b)频率;(c)频率与时间

号,因此,当发射整个频段的频谱时,发射机合成器的速度必须足够快,合成器的稳定时间必须尽可能短。在静止探测应用中,SFCW 雷达传感器被固定在某个位置,实际上合成器的速度不影响传感器的运行,但是系统显示结果需要的时间必须是可以接受的。然而,在非静止探测应用中,例如,对实际道路进行连续表征或探测大片地下区域,传感器被放置在移动的平台(例如,车辆或飞机)上,合成器的速度必须足够快以适应平台移动的速度。平台移动的速度越快,合成器的速度越快。例如,如果平台以 20 mile(约 32.2 km/h)的速度移动,那么合成器的工作周期必须小于 25 ms。

此外,从本节和后续章节的分析可知,完整发射所有频率的信号,对 SFCW 雷达传感器正常发挥功能而言(例如,对目标的合成脉冲进行准确构建,以提取目标的信息)是非常重要的。如果在某个频率没有发射信号,传感器的性能则会降低,例如,在目标合成脉冲生成过程中引起误差。这会导致不期望的后果出现,例如,脉冲重建的本体杂波增多,造成难以提取探测结果,或探测结果的提取准确度降低。基于这种考虑,合成器必须始终正常地发挥功能,天线的设计必须涵盖所有期望的频率。

应当提及的是,合成器的频率不稳定度或相位噪声会引起误差,影响测量准确度。合成器信号的相位噪声经过下变频变换,出现在中频信号内。可以预知合成器的稳定度要求与发射信号和接收信号之间的时延相对应[35]。

对 SFCW 雷达传感器,尤其当单天线与环行器或发/收(T/R)开关一起用于发射和接收时,一条重要注意事项是发射机和接收机之间的隔离。这种隔离对其他雷达传感器也是一条重要注意事项。在接收模式下,为减少或防止射频从发射机向接收机泄漏，这种隔离起着格外关键的作用。如果不期望出现的发射机射频泄漏叠加到信号上，会产生一些有害的影响，例如，使接收机饱和、使接收的信号失真、减小系统的动态范围和线性度等。天线接收到的信号经接收机内的低噪声放大器(LNA)放大后，可能泄漏到发射支路中，经发射机的功率放大器(PA)放大，然后返回到天线。这种泄漏的信号可能比接收到的信号大，因此使天线接收到的信号失真。为了解决这些问题，在接收模式运行期间，通常将发射支路的功率放大器(和其他一些组件)关停。这会造成某些运行和性能问题。例如，功率放大器和其他一些组件频繁地开启和关停，在每种状态下，它们都需要一些时间才能在发射或接收过程开始之前完全稳定下来，这不可避免地会减慢系统的运行速度和缩短组件的使用寿命。射频泄漏问题的更好解决方案是使用超高频隔离发/收开关。此开关能全面改善噪声系数、动态范围和线性度，同时，使系统能连续运行，发射机的所有组件始终处于运行状态。利用参考文献[36]中描述的射频泄漏对消技术，可以设计出这种超高频隔离发/收开关。

对其他雷达传感器的另一条重要注意事项是，需要对合成器和发射机的其他非线性组件(例如，功率放大器)进行设计，以尽可能多地抑制基本信号和互调信号的谐波成分；无论是通过利用天线后面的带通滤波器或天线本身，还是通过利用天线后面的其他组件，例如，发/收天关，系统必须具备适当的滤波功能。实现这些抑制将会减少不需要的射频辐射、防止发生伪目标问题，以及减少对其他射频运行设备的干扰、射频环境污染和隐性运行等。SFCW 雷达传感器发射的波形可以用式(3.1)表示[23]：

$$x_i(\omega_i, t) = A_i \cos(\omega_i t + \theta_i) \tag{3.1}$$

式中，$\omega_i = 2\pi(f_0 + i\Delta f)$，$i = 0, \cdots, N-1$，表示第 i 个角频率；A_i 和 θ_i 分别表示第 i 个传输信号的振幅和相对相位。静止目标反射后返回到接收机的信号可以用式(3.2) 表示：

$$r_i(\omega_i, t, \tau) = B_i \cos[\omega_i(t-\tau) + \theta_i] \tag{3.2}$$

式中，B_i 表示第 i 个回波信号的振幅；τ 表示在传感器和目标之间的往返传播时间。该时间与目标的距离 R 有直接关系：

$$R = \frac{v\tau}{2} \tag{3.3}$$

式中，v 表示信号在传播介质中的速度，对空气而言，$v = c = 3 \times 10^8$ m/s。

对目标回波信号进行解调，得到归一化基带 I 信号和 Q 信号(单位振幅)：

$$I_i(\omega_i, \tau) = \cos(-\omega_i\tau) = \cos\phi_i \tag{3.4a}$$

$$Q_i(\omega_i, \tau) = \sin(-\omega_i\tau) = -\sin\phi_i \tag{3.4b}$$

I、Q 信号通过模/数转换器取样并转换成数字化信号而来。应当指出的是，可以从 I、Q 信号的相位 $\phi_i = \omega_i\tau$ 获知目标的距离信息。对这些 I、Q 成分数字化后，可以将数字化 I、Q 信号结合成一个复矢量：

$$\boldsymbol{C}_i(\omega_i,\tau)=I_i(\omega_i,\tau)+\mathrm{j}Q_i(\omega_i,\tau)=\exp(-\mathrm{j}\omega_i\tau)=\exp(-\mathrm{j}\phi_i) \tag{3.5}$$

因此，与由 N 个步进频率组成的序列相对应的复矢量阵列 $\boldsymbol{V}$ 可以表示成

$$\boldsymbol{V}=[C_0,C_1,\cdots,C_{N-1}] \tag{3.6}$$

对复矢量 $\boldsymbol{C}_i$ 运用离散傅里叶逆变换，可以将频域内的这个矢量变换成时域内的距离像[23]：

$$y_n=\frac{1}{M}\sum_{i=0}^{M-1}C_i\exp\left[\frac{\mathrm{j}2\pi ni}{M}\right] \tag{3.7}$$

式中，$0\leqslant n\leqslant M-1$。将 $(M-N)$ 个零添加到阵列 $\boldsymbol{V}$ 中，使阵列元素的个数等于 2 的幂，以提高 IDFT 的速度以及目标距离准确度。因此，产生了阵列 $\boldsymbol{V}_k$ 的一个新序列，它由 M 个矢量组成，$k=1,2,\cdots,M-1$。对阵列 $\boldsymbol{V}_k$ 运用 IDFT，得到

$$y_n=\frac{1}{M}\sum_{k=0}^{M-1}\boldsymbol{V}_k\exp\left[\frac{\mathrm{j}2\pi nk}{M}\right] \tag{3.8}$$

式中，当 $1\leqslant k\leqslant N-1$ 时，$\boldsymbol{V}_k=\exp(-\mathrm{j}\phi_k)=\exp(-\mathrm{j}\omega_k\tau)$；当 k 在其他值时，$\boldsymbol{V}_k=0$。将 $\boldsymbol{V}_k$ 代入式(3.8)得到

$$y_n=\frac{1}{M}\sum_{k=0}^{M-1}\exp\left[\mathrm{j}\left(\frac{2\pi nk}{M}-\phi_k\right)\right] \tag{3.9}$$

式中

$$\phi_k=\phi_{(k-\frac{M-N}{2})} \tag{3.10}$$

式(3.10)表明，仅当 $(M-N)/2\leqslant k\leqslant(M+N)/2-1$ 时，ϕ_k 才有效，在其他情况下，$\phi_k=0$。令 $k=m+(M-N)/2$，则式(3.9)变成

$$y_n=\frac{1}{M}\sum_{m=0}^{N-1}\exp\left\{\mathrm{j}\left[\frac{2\pi n}{M}\left(m+\frac{M-N}{2}\right)-\varphi_m\right]\right\} \tag{3.11}$$

归一化后，根据目标的距离 R，可以将方程(3.11)改写成

44

$$y_n=\sum_{m=0}^{N-1}\exp\left\{\mathrm{j}\left[\frac{2\pi n}{M}\left(m+\frac{M-N}{2}\right)-\frac{2\pi f_m(2R)}{c}\right]\right\} \tag{3.12}$$

重新整理后，变成

$$y_n=\exp\left(\mathrm{j}\,\frac{4\pi f_0R}{c}\right)\exp\left(\mathrm{j}\,\frac{\pi n(M-N)}{M}\right)\sum_{m=0}^{N-1}\exp\left[\mathrm{j}\left(\frac{2\pi n}{M}-\frac{2\pi\Delta f(2R)}{c}\right)m\right] \tag{3.13}$$

式中，$f_m=f_0+m\Delta f$，f_0 表示起始频率。解方程(3.13)，得到

$$y_n=\exp\left(\mathrm{j}\,\frac{4\pi f_0R}{c}\right)\exp\left(\mathrm{j}\,\frac{\pi n(M-N)}{M}\right)\exp\left[\mathrm{j}\,\frac{a(N-1)}{2}\right]\frac{\sin\left(\frac{aN}{2}\right)}{\sin\left(\frac{a}{2}\right)} \tag{3.14}$$

式中，$a=\left(n-\frac{2M\Delta fR}{c}\right)\frac{2\pi}{M}$。提取式(3.14)的量值，得到

$$|y_n| = \left| \frac{\sin\left(\frac{aN}{2}\right)}{\sin\left(\frac{a}{2}\right)} \right| \tag{3.15}$$

式中，N 仍然表示频率步进阶数。方程(3.15)实质上表示 SFCW 雷达传感器(执行 IDFT 后)的目标响应。目标响应包含雷达传感器取得的目标的信息。这种响应的形状为脉冲，因此，被称为 SFCW 雷达传感器的“合成脉冲”。

图 3.2 显示 SFCW 雷达传感器的一个合成脉冲。该脉冲由 N 个瓣组成。因为 IDFT 有 M 个点，所以每隔 M 个单元，该脉冲重复一次[33]，M 表示 IDFT 的次数。当 $n=n_p+lM$ 时，从式(3.15)获得的合成脉冲的主瓣达到峰值，相应的 $a=\pm 2l\pi$，$l=0,1,2,\cdots$，n_p 表示当 $a=0$ 时与合成脉冲主瓣峰值对应的单元号。因此，可以根据 n_p 将目标的距离写成

45

$$R=\frac{n_p v}{2M\Delta f} \tag{3.16}$$

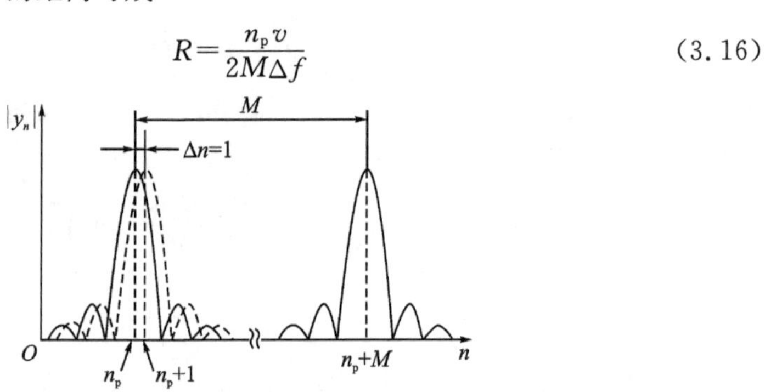

图 3.2　SFCW 雷达传感器的合成脉冲

如图 3.2 所示，主瓣距离峰值的最小位移是与一个单元 $\Delta n=1$ 相对应的距离(或距离偏差)的最小位移，表示距离准确度。令 $n_p=1$，可由式(3.16)得到

$$\delta R=\frac{v}{2M\Delta f} \tag{3.17}$$

应当指出的重要一点是，如果提供传输信号的频率源是理想频率源，频率步进量 Δf 均匀，那么由式(3.16)求出的距离和由式(3.17)求出的距离准确度是有效的，没有误差。然而，在实际中，频率源是不理想频率源，它们的信号被噪声污染，频率步进量不均匀。这些因素对测得的距离有影响，也限制了距离准确度。这种情况不能改善。特别应指出的是，测量结果与根据式(3.16)和式(3.17)求出的值会略微不同。

从式(3.5)获得 I/Q 分量的(非归一化)复矢量：

$$\boldsymbol{C}_i(\omega_i,\tau)=I_i(\omega_i,\tau)+\mathrm{j}Q_i(\omega_i,\tau)=A_i\exp(-\mathrm{j}\phi_i) \tag{3.18}$$

式中，A_i 表示基带 I 和 Q 信号的振幅。当 SFCW 雷达传感器接收来自在距离 R 的静止点目标的步进频率串时，复 I/Q 矢量的相位为

$$\phi_i=-2\pi f_i\tau=\frac{4\pi f_i R}{v} \tag{3.19}$$

式中，f_i表示第 i 个频率，τ 仍然表示往返传播时间。复 I/Q 矢量的相位 ϕ_i随时间的变化量是一个恒定弧度频率：

$$\omega=-\frac{\partial\phi_i}{\partial t}=-\frac{4\pi R}{v}\frac{\mathrm{d}f_i}{\mathrm{d}t}=\frac{4\pi R\Delta f}{v(\mathrm{PRI})} \tag{3.20}$$

如果目标距离 R 固定不变，那么量值为 A_i的复 I/Q 矢量(假定 A 为常量)以恒定的速率沿轨迹转动，如图 3.3 所示。其中，由式(3.20)可知，相位 ϕ_i是步进频率 f_i的函数。

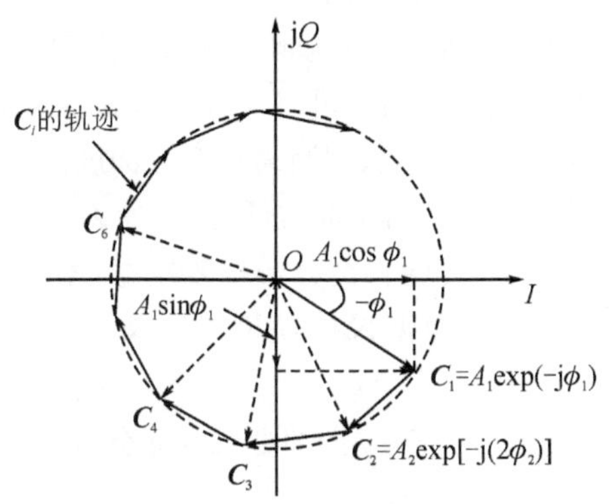

图 3.3　固定点目标的复 I/Q 矢量以恒定的速率沿轨迹转动，假定回波信号的振幅 A_i恒定不变

可以将上述分析过程向多个目标推广。为简化说明，我们只考察两个目标，其距离分别为 R_1和 R_2。这两个目标的复矢量的量值分别为 A_i和 B_i。为简化起见，假设这些矢量的相位相同，为 ϕ_i。我们还假设合成复 I/Q 矢量的弧度频率 ω 是两个目标复 I/Q 矢量弧度频率(ω_{R_1}和 ω_{R_2})之和。合成复 I/Q 矢量的频率由下式表示：

$$\omega=\omega_{R_1}+\omega_{R_2}=-K(R_1+R_2) \tag{3.21}$$

式中，$K=-4\pi\Delta f/[v(\mathrm{PRI})]$。如果目标处于相同的传播介质内，那么 K 恒定不变。两个目标的矢量图如图 3.4 所示。

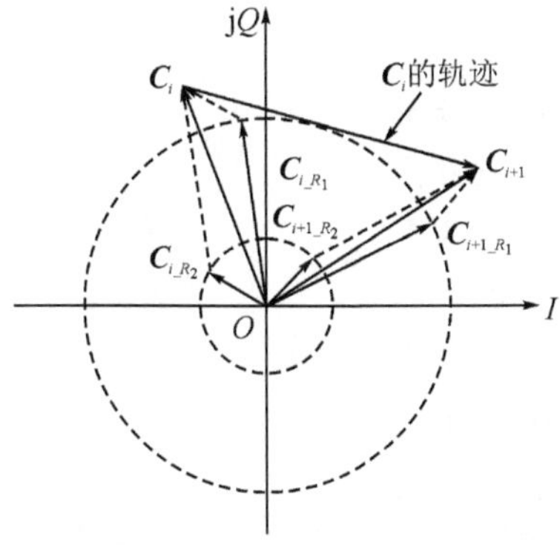

图 3.4　两个静止点目标的复矢量 $\boldsymbol{C}_i=\boldsymbol{C}_{i_R_1}+\boldsymbol{C}_{i_R_2}$沿轨迹移动

46

3.3　频率步进雷达传感器的设计参数

SFCW 雷达传感器的设计涉及各种设计参数，包括分辨率、频率步进量、频率步进阶数、总带宽、距离或穿透深度、距离准确度、距离模糊度和脉冲重复周期。

雷达传感器的分辨率可以是距离分辨率或角分辨率，取决于观测方向。距离分辨率取决于发射信号的总绝对带宽和它们的速率。角分辨率与天线的 3 dB 波束宽度以及天线和目标间的距离成正比。所以，带宽越大，观测的距离分辨率越高；工作频率越高，角分辨率越高。提高发射信号的频率可以大大降低获得准确角分辨率和距离分辨率的难度。但这样做的缺点是减小了探测距离和穿透深度。一般而言，降低频率可增加穿透深度，但使角分辨率和距离分辨率非常低，部分原因是对绝对带宽的限制。所以，当既要满足穿透深度要求，又要满足分辨率要求时，不可避免地要进行权衡。

模糊距离指展开距离，可以根据采样理论确定展开距离。脉冲重复周期则影响接收机的灵敏度。

显然，为获得最优化的设计方案，应仔细考虑和充分理解 SFCW 雷达传感器的设计参数。

3.3.1　角分辨率和距离分辨率

雷达传感器区分彼此相距很近的目标的能力取决于分辨率。如上文提及，有两种分辨率——角分辨率和距离分辨率，取决于天线的观测方向，如图 3.5 所示。所以对雷达传感器的设计和运行而言，角分辨率和距离分辨率很重要。

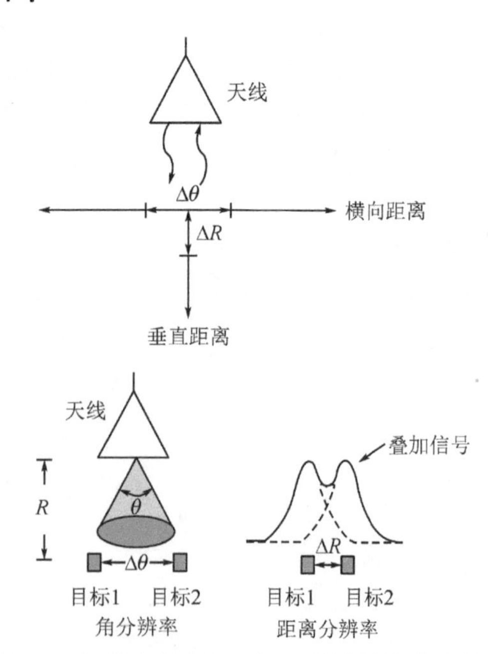

图 3.5　雷达传感器角分辨率和距离分辨率示意图。$\Delta\theta$ 和 ΔR 分别表示角分辨率和距离分辨率

3.3.1.1　角分辨率

角分辨率也称为横向距离分辨率、水平分辨率、侧向分辨率或方位分辨率。它表明了距离相同的两个目标为了被雷达区分而必须隔开的最小角度。举例来说，角分辨率为 5°的雷达传感器可以区分距离相同的彼此间距大于 5°的目标。正如大家所预料，角分辨率由天线的波束宽度确定。当天线的波束宽度变窄

时，角分辨率提高。图 3.6 显示角分辨率现象。

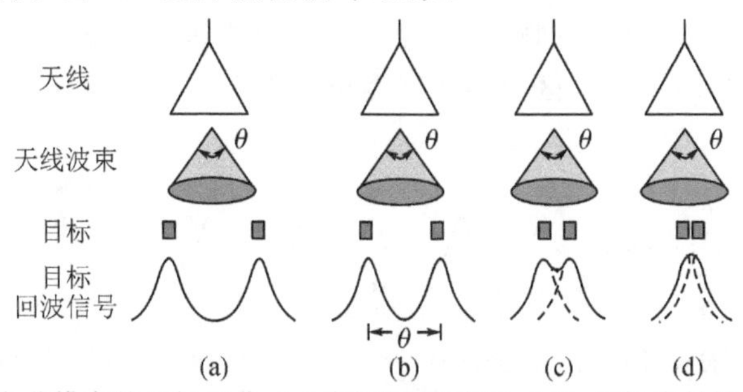

图 3.6　基于角分辨率的目标区分：(a)当间隔(角度)＞θ时，目标容易被区分；(b)当间隔(角度)＝θ时，目标能被区分；(c)当间隔(角度)＜θ时，目标难以被区分；(d)当间隔(角度)≪θ时，目标不能被区分。θ 表示天线的波束宽度

在天线的远场区，天线和目标间的距离相对工作波长而言足够大，我们可用下式近似求出角分辨率：

$$\Delta R = R\theta \tag{3.22}$$

式中，θ 表示天线的波束宽度(以弧度计)，R 表示远场区目标的距离。对口径天线，R 可以近似为

$$R \geqslant \frac{2D^2}{\lambda} \tag{3.23}$$

式中，λ 表示工作波长，D 表示天线的最大尺寸。天线的波束宽度取决于天线尺寸与工作波长之比。对于给定的天线尺寸，天线的波束宽度与波长成正比，与频率成反比。所以，高频系统可以将能量集中注入尖锐波束内，以提高分辨率，准确地确定目标。随着天线电气性能的增强，角分辨率得到提高。

49

图 3.7 显示计算的角分辨率与(远场)距离的关系。为了获得以 cm 计的角分辨率，需要使用 Ka 频段(26.5～40 GHz)的频率。例如，使用大约具有 0.26 弧度 3 dB波束宽度的标准 Ka 频段波导喇叭天线，对于位置距雷达传感器 0.12 m 的目标，估算角分辨率为 0.031 m。

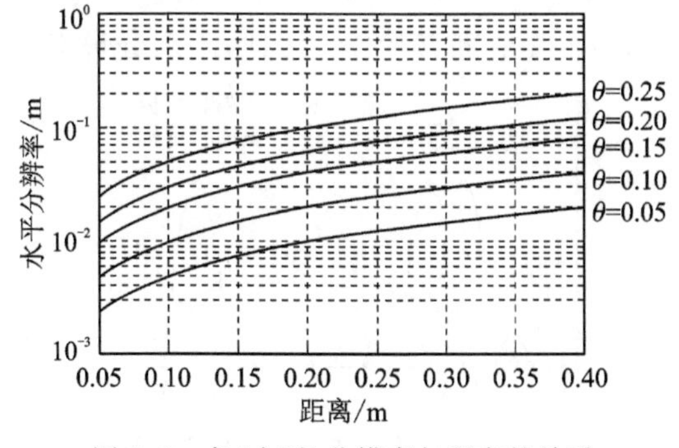

图 3.7　角(水平)分辨率与距离的关系

3.3.1.2 距离分辨率

距离分辨率决定两个不同距离的目标应间隔多远才能被区分开。例如，距离分辨率为 10 cm 的系统只能区分距离间隔至少为 10 cm 的目标。图 3.8 说明距离分辨率现象。

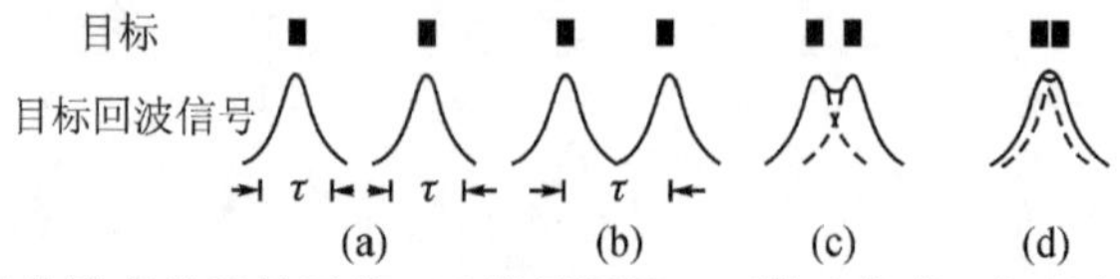

图 3.8 基于距离分辨率的目标区分：(a)当间隔量$>\tau$(脉冲宽度)时，目标容易被区分；(b)当间隔量$=\tau$时，目标能够被区分；(c)当间隔量$<\tau$时，目标难以被区分；(d)当间隔量$\ll\tau$时，目标不能被区分

考察目标的回波脉冲信号(或由 SFCW 雷达传感器中的目标回波正弦信号形成的合成脉冲)，这种脉冲越窄，目标越容易被区分。为了被区分，目标必须隔开，间隔量以时间计，等于接收脉冲的脉冲持续时间 τ，如图 3.8 和图 3.9 所示。与此等效的距离差为

50

$$\Delta R=\frac{v\tau}{2} \tag{3.24}$$

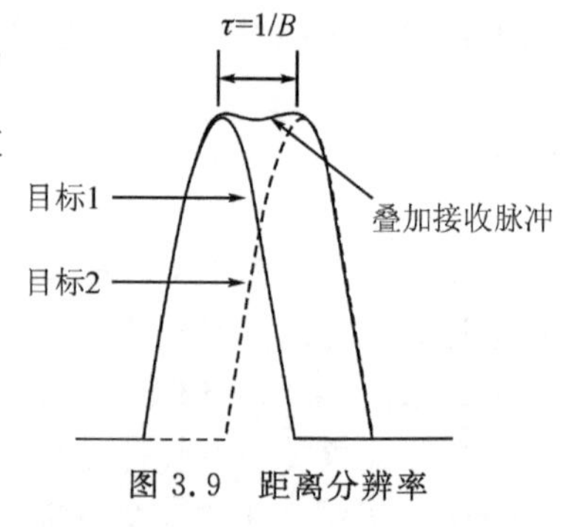

图 3.9 距离分辨率

此式确定距离分辨率。4 dB 脉冲宽度为 τ 的接收脉冲的(绝对)带宽的近似值可用下式求出：

$$B\approx\frac{1}{\tau} \tag{3.25}$$

将式(3.25)代入式(3.24)，求出距离分辨率：

$$\Delta R\approx\frac{v}{2B} \tag{3.26}$$

图 3.10 表示将在距离 R_1 和 R_2 的两个目标的合成脉冲叠加。为简化叙述又不失一般性起见，假设这些合成脉冲的量值相同。图 3.10 所示目标响应的距离分辨率 ΔR 可以定义为距离差 R_2-R_1。当 $n=n_{p_1}+M/N$ 时，主瓣的零点出现。导致单元号 $n_{p_2}=n_{p_1}+M/N$，式中，与 R_2 目标的主瓣峰值相对应的 n_{p_2}，与 R_1 目标的主瓣的零点重合。因此，距离分辨率 ΔR 可以写成

51

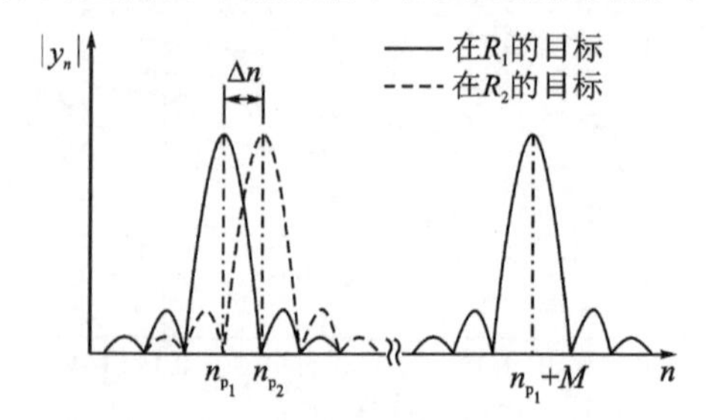

图 3.10 用主瓣的零点定义距离分辨率

$$\Delta R = R_2 - R_1 = \frac{\left(n_{p_1} + \frac{M}{N}\right)v}{2M\Delta f} - \frac{n_{p_1} v}{2M\Delta f} = \frac{v}{2N\Delta f} \tag{3.27}$$

这与式(1.1)和式(3.26)表示的距离分辨率完全相同，工作带宽 $B = N\Delta f$。

图 3.11 表明，当应用汉明窗因子(=1.33)时，对于不同的传输介质相对介电常数(ε_r)，算得的距离分辨率是带宽的函数。根据这些模拟结果，对材料如表 2.1 所示的路面进行表面下探测时，为了获得以英寸计的垂直分辨率，所需带宽应至少为 4 GHz。然而，按照理论距离分辨率，难以清晰地区分两个合成脉冲，尤其当这些合成脉冲叠加时。为了克服这个缺点，对微波和毫米波 SFCW 雷达传感器而言，工作带宽应至少分别为 5 GHz 和 8 GHz。在第 4 章中将介绍绝对工作带宽。 52

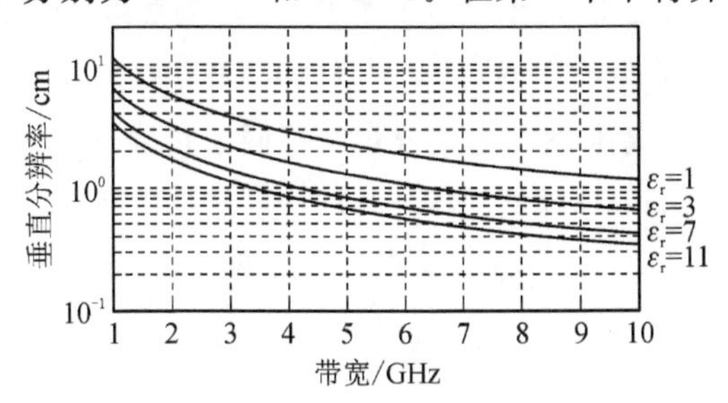

图 3.11　距离分辨率与带宽 $B = N\Delta f$

3.3.2　距离准确度

SFCW 雷达传感器的距离准确度由式(3.17)确定。距离准确度规定某人能多准确地测量距离。距离准确度与距离分辨率不同。雷达传感器的均方根距离误差近似值可以用下式求出：

$$\delta R = \frac{\Delta R}{\sqrt{2\left(\frac{S}{N}\right)}} = \frac{v}{2B\sqrt{2\left(\frac{S}{N}\right)}} \tag{3.28}$$

可以看出，距离准确度取决于雷达传感器的射频带宽。当带宽增加时，距离误差减少。此外，距离误差与 $\sqrt{S/N}$ 成反比，表明噪声越大，距离准确度越低。这在意料之中，因为噪声越大，脉冲或波形越不完美。图 3.12 显示距离误差 δR 与带宽的关系。与单频回波信号相比，双频回波信号可以更准确地确定目标。可以推断，当多频传输或大工作带宽时，目标位置的准确度和不模糊度可以改善。 52

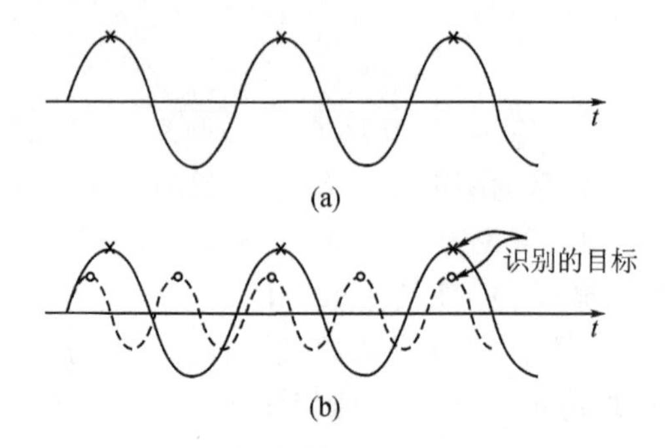

图 3.12 显示对单发射频率回波信号(a)和双发射频率(f_1和 f_2)回波信号(b)的距离准确度与带宽的关系。图中,“×”和“○”表示与 90°测量相位相对应的目标位置。如果“×”和“○”相距较近,表明可以识别相应的目标

角准确度和横向距离准确度与角分辨率不同。角准确度或横向距离准确度的近似值可以由下式确定:

$$\delta R=\frac{\Delta\theta}{3\sqrt{\frac{S}{N}}}=\frac{R\theta}{3\sqrt{\frac{S}{N}}} \tag{3.29}$$

式中,θ 表示的 3 dB 波束宽度。

3.3.3 模糊距离

从式(3.19)可知,复 I/Q 矢量的相位 ϕ_i取决于频率 f_i。复 I/Q 矢量的合成相位在 2π 范围内。考察位于距离 R_1和 R_2的两个目标,它们产生的相位分别是 $\phi_{i_R_1}$和 $\phi_{i\_R_2}$。两个连续频率 f_i和 f_{i+1}的与 R_1和 R_2相关的相位差分别是 $\Delta\phi_{R_1}=\phi_{i_R_1}-\phi_{i+1_R_1}$和 $\Delta\phi_{R_2}=\phi_{i\_R_2}-\phi_{i+1\_R_2}$。如果这些相位相等,那么两个目标很可能出现在相同位置,造成模糊。

也可以用式(3.18)求出相位差 $\Delta\phi_{R_1}$ 和 $\Delta\phi_{R_2}$:

$$\Delta\phi_{R_1}=-\frac{4\pi R_1\Delta f}{v} \tag{3.30a}$$

$$\Delta\phi_{R_2}=-\frac{4\pi R_2\Delta f}{v} \tag{3.30b}$$

如果 $\Delta\phi_{R_1}=\Delta\phi_{R_2}\pm 2\pi n$, $n=1,2,3,\cdots$, 那么两个目标是模糊的。利用式(3.30a)和式(3.30b),可以求出 SFCW 雷达传感器的模糊距离 R_u[23]:

$$R_u=|R_1-R_2|=\frac{v}{2\Delta f} \tag{3.31}$$

此式表明模糊距离由 SFCW 雷达传感器的频率步进量 Δf 决定。

还可以利用采样理论确定模糊距离[37]。如果采取带宽为 B 的信号,采样时间为 Δt,那么在频域内,每隔 $n(1/\Delta t)$ Hz,信号重复一次,其中 n 是一个整数,如图

3.13(a)所示。为避免发生混叠,带宽 B 必须小于或等于采样时间的倒数的一半[即:$B \leqslant 1/(2\Delta t)$]。类似地,根据采样理论中的对偶原理可以推断,SFCW 雷达传感器的距离 R 必须小于或等于频率步进量的倒数乘以信号速度所得积的一半[即:$R \leqslant v/(2\Delta f)$],如图 3.13(c)和图 3.13(d)所示。SFCW 雷达传感器的合成模糊距离由式(3.31)确定。

54

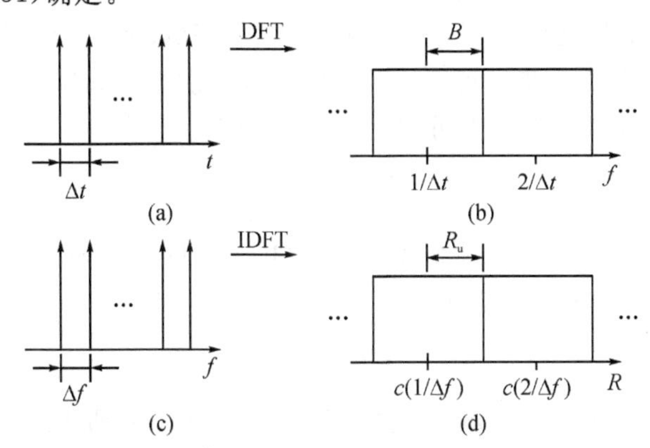

图 3.13　利用奈奎斯特采样技术避免混叠:(a)时域样品;(b)图(a)经过 DFT 后的频域;(c)SFCW 雷达传感器在频域内的信号;(d)图(c)经过 IDFT 后的距离域

图 3.14 显示传播介质的各种相对介电常数的模糊距离与频率步进量。这些模拟结果表明频率步进量越小,式(3.31)表示的模糊距离越大。

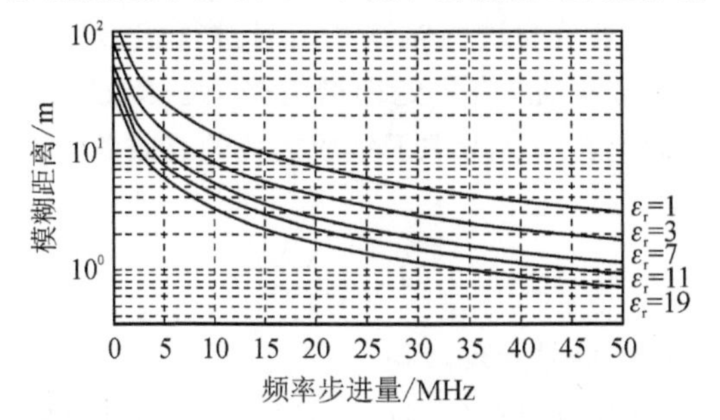

图 3.14　对传播介质的不同相对介电常数,SFCW 雷达传感器的模糊距离与频率步进量

对将在第 4 章介绍的微波和毫米波 SFCW 雷达传感器而言,选用 10 MHz 频率步进量可获得较好的模糊距离,尽管选用这种频率步进量有一个缺点,即信号源需要较长的扫描时间以涵盖整个带宽。这种选择的合理性被以下事实进一步地证实:这些 SFCW 雷达传感器可用的频率合成器不允许产生 10 MHz 附近的任意频率步进量。尽管 SFCW 雷达传感器可用的频率合成器还可以选用其他频率步进量,例如 1 MHz 或 100 MHz,但是这些频率步进量有重大缺陷。1 MHz 频率步进量太小,因此需要花费很长时间才能完成整个工作频率范围的扫描,而 100 MHz

频率步进量太大以至于模糊距离变得很小，仅为 1.5 m。

55

3.3.4 脉冲重复周期

SFCW 雷达传感器需要发射一整组频率步进信号和捕获相应的回波信号，以发现目标的距离信息。对发射的各个单频信号，在特定的脉冲重复周期(PRI)内，都有相应的反射信号被接收。为了进行相参解调，PRI 应至少大于到目标的往返传播时间。所以，与一个步进频率相对应的 PRI 必须大于到最远目标的往返传播时间。设最远目标的距离为 R，可用下式估算 PRI：

$$\mathrm{PRI} \geqslant \frac{2R}{v} \tag{3.32}$$

然而，因为认为 PRI 取决于模糊距离，所以从式(3.31)和式(3.32)可以推断，与频率步进量有关的 PRI 应满足下式[23]：

$$\mathrm{PRI} \geqslant \frac{1}{\Delta f} \tag{3.33}$$

从式(3.33)可知，如果将频率步进量设定为 10 MHz，那么最小必需 PRI 大于 0.1 μs。因此，如果在 5 GHz 带宽内，10 MHz 频率步进量使用的 PRI 为 50 μs，那么整个带宽的扫描时间将达到 25 ms。

56

3.3.5 频率步进阶数

SFCW 雷达传感器用有 N 个不同频率的连续信号照射目标，并接收有 N 个频率的反射信号，在信号处理模块内对这些信号进行相参处理，以提取合成脉冲。所以，据说，如果没有集成损耗，信号处理增益是 N。集成损耗是因窗函数、相参处理的不完美等因素而引起的。考虑了集成损耗的有效集成步数 N_{eff} 通常用下式确定[38]：

$$N_{\mathrm{eff}} = \frac{N}{L_{\mathrm{i}}} \tag{3.34}$$

此式表明在系统内获得的信号处理增益。

例如，汉明窗产生的集成增益($=1/L_{\mathrm{i}}$)为 0.54[38]。对于运行中涉及多重介质的 SFCW 雷达传感器，如果根据介质的特性，通过信号处理，对传播介质的发散影响进行补偿，那么可以实现完整的相参处理。

3.4 系统性能因子

在用于估算雷达的距离和穿透深度的雷达传感器方程中，如式(2.67)所定义并在第 2 章的几个方程中导出的系统性能因子是最重要的参数。考虑式(3.34)确定的有效集成频数 N_{eff}，第 2 章对式(2.75)和式(2.79)导出的系统性能因子进行修改以适应 SFCW 雷达传感器：

$$\mathrm{SF}=\frac{64\pi^2\left(\dfrac{R}{\cos\phi_{\mathrm{i}1}}+\displaystyle\sum_{l=1}^{n-1}\frac{x_l}{\cos\phi_{\mathrm{t}l,l-1}}\right)^2}{G^2\lambda^2L'N_{\mathrm{eff}}\Gamma_{n,n-1}^2\left[\displaystyle\prod_{m=1}^{n-1}T_{m,m-1}^2T_{m-1,m}^2\exp\left(-\dfrac{4\alpha_m d_m}{\cos\phi_{\mathrm{t}m,m-1}}\right)\right]} \tag{3.35}$$

和

$$\mathrm{SF}=\frac{64\pi^3\left(\dfrac{R}{\cos\phi_{\mathrm{i}1}}+\dfrac{x_{1\max}}{\cos\phi_{\mathrm{t}10}}\right)^4}{G^2\lambda^2\sigma N_{\mathrm{eff}}T_{10}^2T_{01}^2L'\exp\left(-\dfrac{4\alpha_1 d_{1\max}}{\cos\phi_{\mathrm{t}10}}\right)} \tag{3.36}$$

式(3.35)可用于评估 SFCW 雷达传感器的性能；在多层结构(例如路面)和表面下掩埋物体(例如地雷)探测中，式(3.36)可用于估算最大探测距离。

在实际雷达传感器中，系统性能因子可能受到实际接收机动态范围的限制，这一点下文将予以讨论。因此，有必要对系统性能因子进行修正。

接收机的最大可用动态范围 $\mathrm{DR}_{\max}$ 是最大可用接收功率 $P_{\mathrm{r},\max}$ 与接收机的灵敏度之比。可用接收功率表示接收机能够承受的不会造成信号失真的功率。接收机的灵敏度确保接收机的输出端符合规定的信噪比要求。最大可用(未压缩)动态范围的上限由接收机前端低噪声放大器(LNA)的 1 dB 压缩点 $P_{1\mathrm{dB}}$ 确定，这样做是为了避免放大器发生饱和现象。最大可用(未压缩)动态范围的下限由接收机灵敏度确定。为安全起见，在实际系统中，接收机的最大可用功率必须在 LNA 的 1 dB 压缩点下方。

将系统朝向一块金属板时，出现系统接收机最大可用接收功率，在标定过程中，通常这样做。如图 3.15 所示，将一块金属板放置在安全距离 R 处，使相应的天线朝向此金属板。如果将此时的发射功率与接收功率之差视为传输损耗 L_{t}，那么就会发现，可以根据最大可用接收功率估算最大可用发射功率 $P_{\mathrm{t},\max}$：

$$P_{\mathrm{t},\max}=P_{\mathrm{r},\max}+L_{\mathrm{t}}\leqslant(P_{1\mathrm{dB}}+L_{\mathrm{t}})\quad(\mathrm{dB}) \tag{3.37}$$

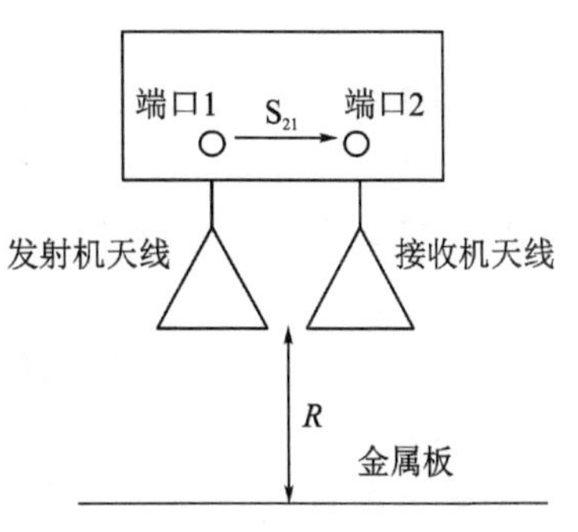

图 3.15　利用网络分析仪测量传输损耗 L_{t}。R 表示天线和金属板之间的安全距离

应当指出的是，仅当最大接收功率小于接收机的饱和功率时上述分析才有效。

传输损耗 L_{t}(如图 3.15 中 S_{21} 所示)是扩展损耗、天线失配、天线效率和其他实际损耗(连接器和电缆产生的损耗)引起的。可利用精密电磁模拟器对传输损耗进行近似计算。如果天线可用的话，也可利用网络分析仪对传输损耗进行准确地测量，如图 3.15

所示。

58 SFCW 雷达传感器的瞬时带宽等于 PRI 的倒数,原因是在中心频率附近在时间 τ 内单频率 f 的频带等于 $1/\tau$[37]。因此,接收机输入信号的瞬时带宽远小于总带宽 B,这导致接收机的灵敏度电平较低。灵敏度电平由式(2.35)规定。

图 3.16 图解说明系统性能因子和系统动态范围。利用式(2.67) 和(3.37)可以求出系统性能因子(以 dB 计):

$$SF=(P_{t,max}-S_R)=(P_{r,max}+L_t-S_R) \quad (dB) \tag{3.38}$$

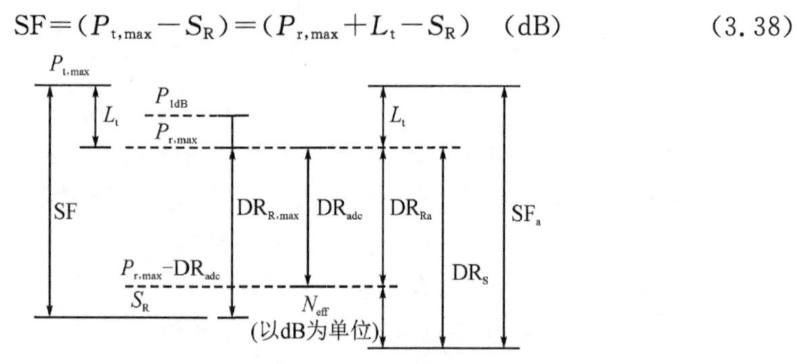

图 3.16 当 $DR_{adc} \leqslant DR_{R,max}$ 时,系统性能因子和动态范围的图解分析

接收机的最大可用动态范围 $DR_{R,max}$ 可定义为最大可用接收功率和接机的灵敏度之差:

$$DR_{R,max}=(P_{r,max}-S_R) \quad (dB) \tag{3.39}$$

因此,系统性能因子与最大可用动态范围的关系可用下式说明:

$$SF=(DR_{R,max}+L_t) \tag{3.40}$$

如果系统达到最大可用动态范围,那么系统性能因子表示系统的最高性能。然而,应当指出的重要一点是,系统还包含信号处理模/数转换器(ADC)。在系统评估中还应考虑模/数转换器的动态范围 DR_{adc}。模/数转换器的动态范围的近似值为[37]

59

$$DR_{adc}=6N \quad (dB) \tag{3.41}$$

式中,N 表示模/数转换器的位数。接收机可用动态范围 DR_{Ra},受到接收机最大可用动态范围和模/数转换器动态范围两者中较窄者的限制。但是,系统内通常执行信号处理增益,这会扩大接收机动态范围。所以,可以将系统动态范围 DR_S 定义为

$$DR_S=DR_{Ra}+10\lg N_{eff} \quad (dB) \tag{3.42}$$

式中,N_{eff} 表示系统内取得的信号处理增益。因此,实际系统性能因子可以用下式确定:

$$SF_a=DR_S+L_t \quad (dB) \tag{3.43}$$

利用考虑了式(3.43)实际系统性能因子的雷达方程,可以更准确地估算系统的探测距离。

3.5　探测距离或穿透深度的估算

3.5.1　多层目标穿透深度的估算

为了说明如何估算多层目标探测的最大距离或穿透深度，作为示例，我们考虑由沥青层、基层和垫层组成的路面结构，如图 3.17 所示。此外，还假设 SFCW 雷达传感器的工作频率为 3 GHz。这将在第 4 章中提出。在传感器的计算中，我们考虑信号入射角的影响。

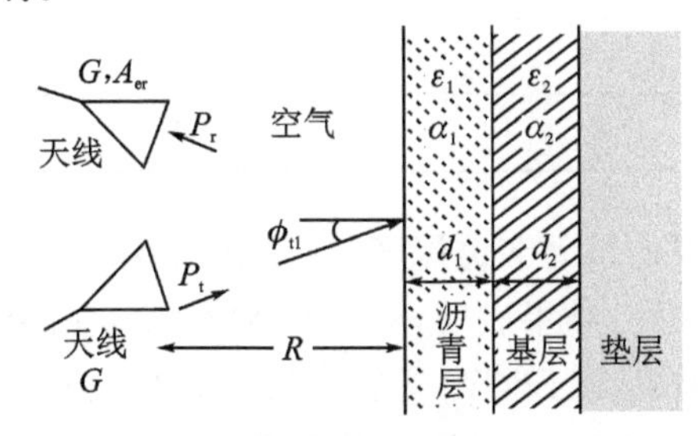

图 3.17　用于估算穿透深度的路面结构层

在计算中使用的参数如表 3.1 中所示。其中，设定系统损耗 L 为 19 dB，这包含天线效率（阻性负载天线的天线效率为 6 dB，一对阻性负载天线的天线效率为 12 dB）、天线失配（每个天线 1 dB，一对天线 2 dB）和电缆、连接器等因数引起的其他损耗（5 dB）[1]。信号处理增益为 24 dB。同时，在信号处理中使用汉明窗函数和 500 个频率步进阶，无集成损耗。在 LabView① 编程系统的数据采集（DAQ）板上的模/数转换器的分辨率是每样品 12 位，因此动态范围达到 72 dB。纳入天线后，测得的传输损耗为 25 dB（将在第 5 章中讨论）。利用式（3.42）估算出的实际系统性能因子是 121 dB。

表 3.1　为估算图 3.17 所示路面结构的穿透深度，在计算中使用的参数　60

在 3 GHz 的路面结构层的电气特性		
沥青层	ε'_{r1}	5～7
	ε''_{r1}	0.03～0.05
	α	0.05～0.5（Np/m）
基层	ε'_{r1}	8～12
	ε''_{r1}	0.3～0.8
	α	3～9 （Np/m）

① 美国国家仪器公司（National Instruments）生产的名称为“虚拟仪器”（Virtual Instruments）的图形软件系统。

续表 3.1

在 3 GHz 的路面结构层的电气特性		
垫层	ε'_{r3}	20
雷达传感器参数		
天线增益	G	10 dB
在 3 GHz 的波长	λ	0.1 m
系统损耗	L	19 dB
信号处理增益	G_p	24 dB
入射角	ϕ_{t1}	20°
安全距离	R	0.2 m

图 3.18 显示沥青层的最大穿透深度(或最大可探测厚度)与实际系统性能因子和不同衰减常数的关系。结果表明,衰减常数和实际系统性能因子对穿透深度有重大影响。根据模拟结果,该 SFCW 雷达传感器基于实际系统性能因子 121 dB,能探测的沥青层厚度在 2.3～9.5 m 范围内,取决于衰减常数。

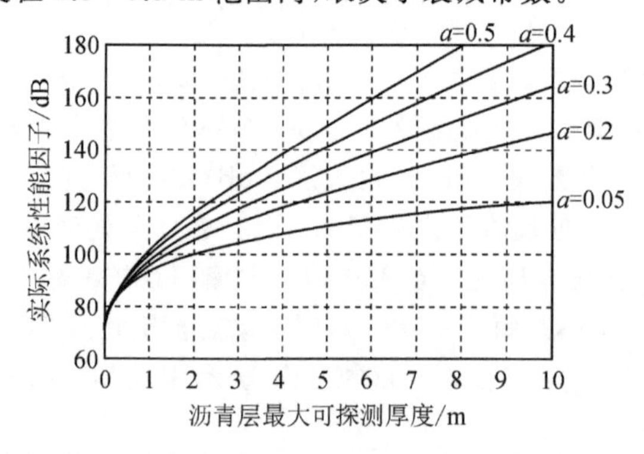

图 3.18 沥青层的最大穿透深度(或最大可探测厚度)与实际系统性能因子和不同衰减常数的关系。常数“a”表示衰减常数(Np/m)

图 3.19 显示的模拟结果表示当入射角为 0～20°,衰减常数固定在 0.3 (Np/m)时沥青层的最大穿透深度(或最大可探测厚度)与实际系统性能因子的关系。结果表明,与法向入射相比,20°入射角对最大可探测距离的影响没有法向入射显著。

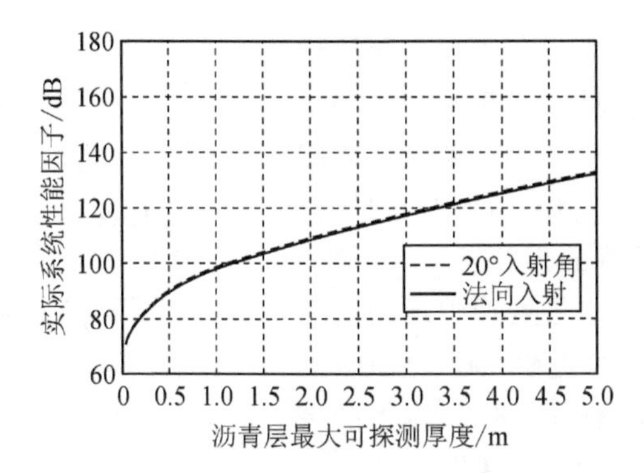

图 3.19　当入射角为 0～20°，衰减常数为 0.3(Np/m)时，沥青层的最大穿透深度(或最大可探测厚度)与实际系统性能因子的关系

图 3.20 显示的模拟结果表示当沥青层厚度固定为 3 in(约 7.62 cm)时，基层的最大穿透深度(或最大可探测厚度)与实际系统性能因子和不同衰减常数的关系。当沥青层厚度固字为 3 in 时，该 SFCW 雷达传感器可探测的基层厚度在 0.2～0.4 m 范围内，具体值取决于衰减常数。　62

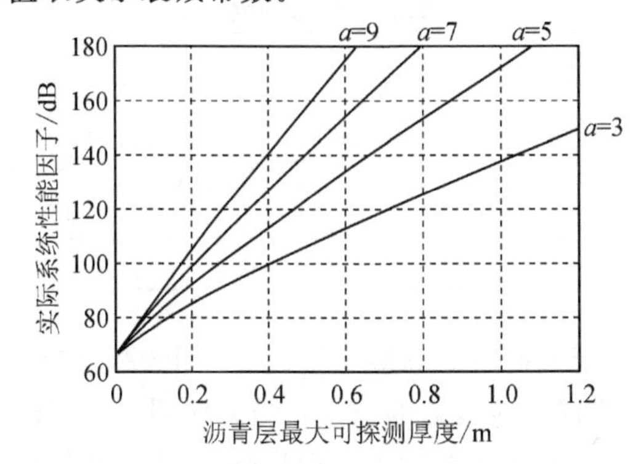

图 3.20　基层的最大穿透深度(或最大可探测厚度)与实际系统性能因子和不同衰减常数的关系，“a”表示衰减常数，沥青层厚度是 3 in(约 7.62 cm)

3.5.2　掩埋目标穿透深度的估算

为了说明如何估算表面下目标的最大穿透深度，作为示例，我们考虑在沙层中掩埋的金属目标，如图 3.21 所示。在第 4 章中将介绍毫米波 SFCW 雷达传感器的最大穿透深度的计算，其中，使用干沙层的衰减常数在 3～70 (Np/m)范围内。因为不能获得传感器工作频率在 Ka 频段(26.5～40 GHz)时的干沙层衰减常数准确值，我们假设这些值与在参考文献[1]中提及的 1 GHz (对应的衰减常数值为 0.1～2.3) 和 100 MHz (对应的衰减常数值为 0.01～0.23)对应的衰减常数值相　63

同。这些假设有用，即使它们在 Ka 频段内不是非常准确。计算使用的参数由表 3.2 列出，设定系统损耗为 17 dB，这包含天线效率 4 dB 和天线失配 2 dB[1]，以及连接器、电缆、适配器和环行器的损耗 9 dB。信号处理增益是 23 dB，在信号处理中运用汉明窗函数和 400 个频率步进阶，无集成损耗。当使用 Ka 频段波导喇叭天线时，测得的传输损耗为 13 dB。如果模/数转换器的动态范围是 72 dB，实际系统性能因子的估算值为 108 dB。

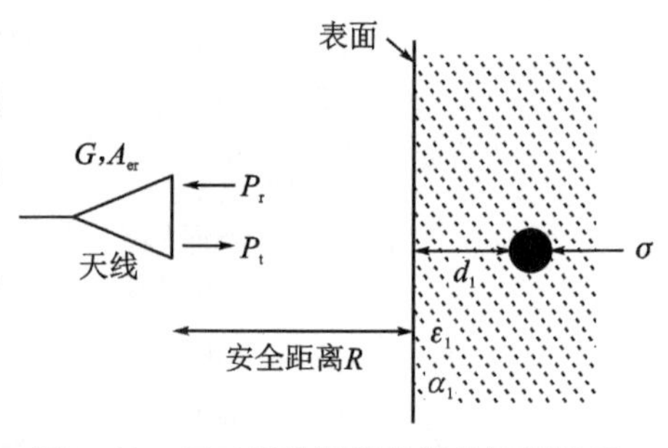

图 3.21 用于穿透深度估算的掩埋目标

表 3.2 估算毫米波 SFCW 雷达传感器对图 3.21 所示掩埋物体的的穿透深度时使用的参数

在 30 GHz 时材料的电气特性		
干沙	ε'_{r1}	3～6
	α	3～70
目标的雷达截面积	σ	0.0019 m²
雷达传感器参数		
天线增益	G	24 dB
波长	λ	0.01 m
系统损耗	L	17 dB
信号处理增益	G_p	23 dB
安全距离	R	0.1 m

图 3.22 显示在沙层中掩埋的球形物体(半径＝0.025 m)的最大可探测深度与实际系统性能因子和不同衰减常数的关系。结果表明，毫米波 SFCW 雷达传感器可以探测在 0.05～0.5 m 范围内掩埋的球形目标，取决于沙层的衰减常数。

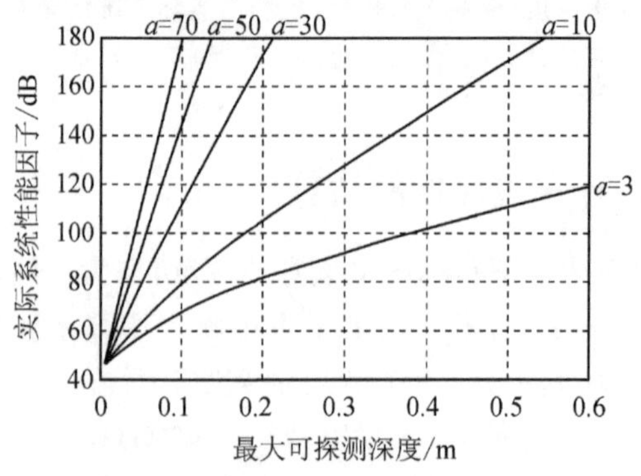

图 3.22 在沙层(ε_{r1} = 3)中掩埋的球形物体(半径＝0.025 m)的最大可探测深度与实际系统性能因子和不同衰减常数的关系，“a”表示沙层的衰减常数(Np/m)

3.6　本章小结

64

本章介绍了对 SFCW 雷达传感器的分析过程。明确地讲，介绍了系统的重要参数，包括发射信号和接收信号、下变频变换 I 信号和 Q 信号、合成脉冲、角分辨率和距离分辨率、频率步进量、频率步进阶数、总带宽、探测距离或穿透深度、距离准确度、距离模糊度、脉冲重复周期、动态范围和系统性能因子。还讨论了多层结构和掩埋目标探测的最大探测距离或穿透深度。本章呈现的材料尽管简洁，但能为射频工程师进行 SFCW 雷达传感器分析提供充足的信息，能帮助射频工程师设计探测应用型SFCW雷达传感器。

65

第4章　SFCW雷达传感器的开发

4.1　引　言

本章将介绍两种不同的频率步进连续波(SFCW)雷达传感器:在29.72～37.7 GHz范围内工作的毫米波SFCW雷达传感器和在0.6～5.6 GHz范围内工作的微波SFCW雷达传感器。对表面和表面下探测而言,毫米波SFCW雷达传感器能实现较高的距离分辨率和角分辨率。但是,它们的探测距离或穿透深度相当有限,原因是在毫米波频率的可用射频(RF)功率通常较小。而微波SFCW雷达传感器在较低的频率下工作,进行表面下探测时,能同时满足大穿透深度和高距离分辨率要求。因此在表面下探测评估中,它们是有吸引力的解决方案。

在本章中将描述这两种雷达传感器的完整开发过程,包括硬件(收发机和天线)设计、信号处理模块和系统集成。已经制造出这两种雷达,它们利用了在单一封装中的微波集成电路(MIC)和微波单片集成电路(MMIC)。两种雷达都能用于表面和表面下探测。在第5章中介绍毫米波SFCW雷达传感器在表面成像、液位监控、掩埋物体探测和定位等方面的应用,以及微波SFCW雷达传感器在路面结构表征中的应用。

本章首先讨论零差架构和超外差架构,以及对正交检波器的分析。在系统射频信号恢复中,正交检波器扮演重要的角色。接着介绍毫米波和微波SFCW雷达传感器收发机的设计,包括它们的框图、运行和组件、接收机和发射机分析。然后介绍传感器的0.5～10 GHz微波和26.5～40 GHz毫米波微带准喇叭天线的设计。最后,介绍传感器的信号处理开发工作,包括数据采集、同步、对因系统本身缺陷而产生的振幅误差和相位误差的补偿、目标信息提取所用目标合成脉冲的生成等。

66

4.2　SFCW雷达传感器

图4.1(a)和(b)分别显示了基于零差架构和超外差架构的SFCW雷达传感器的框图。从图中可知,两种系统的主要差别是收发机的架构和功能。零差系统在收发机内对射频输入信号进行一次下变频变换,实质上执行直接变频。超外差系统则对输入信号进行两次下变频变换,以产生基带信号。这些都是相参处理。

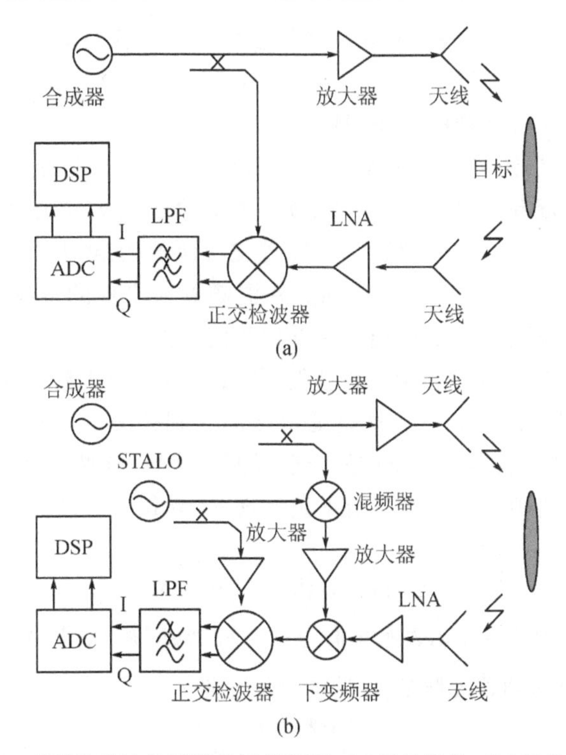

图 4.1　SFCW 雷达传感器的系统框图:(a)零差架构;(b)超外差架构

零差系统也称为零中频系统。它利用正交检波器或混频器,将输入信号直接下变频变换成基带同相(I)和正交(Q)信号。射频带宽大的零差系统需要在高频下工作的宽带正交检波器。在作为其组成部分的 90°移相器的射频带宽范围内,这种正交检波器可能有较大的变化的响应,特别是相位。这导致在射频频段内的不平衡量较大。而在超外差 SFCW 雷达传感器中,首先,输入信号被下变频变换成中间(IF)信号,然后,通过正交检波器将中频信号下变频变换成基带 I 信号和 Q 信号。中频下变频变换频段通常有单频率或小带宽,从而有可能使用在低频工作的窄带正交检波器。对 90°移相器,这种正交检波器有相当恒定的响应,使 I/Q 不平衡量减少,容易补偿和修正 I/Q 误差。对射频频段而言,特别是在毫米波频率范围内,更愿意选择超外差 SFCW 雷达传感器而不是零差 SFCW 雷达传感器,即使超外差 SFCW 雷达传感器比零差 SFCW 雷达传感器的结构更复杂。本章介绍的微波和毫米波 SFCW 雷达传感器采用超外差架构。

67

4.2.1　正交检波器

无论采用超外差架构还是零差架构,射频接收机的最关键功能都是恢复射频信号。可以利用上文提及的正交检波器,通过正交检波,完成射频信号恢复。正交检波器主要用于测量接收信号的振幅和接收信号相对于发射信号的相位，正交检波器确定下变频变换信号的两个正交分量，即I分量和Q分量。

4.2.1.1 正交检波器的工作原理

正交检波器的框图如图4.2所示，在I通道和Q通道上有两个完全相同的某种类型的混频器（混频器I和混频器Q）。正交检波器要求在本振（LO）或射频（RF）信号路径上有90°相移。然而，实际正交检波器的结构通常在本振信号路径上采用90°相移[如图4.2(a)所示]，因为在混频器内出现的本振信号带宽一般较小。在本振信号路径上采用90°相移便于相移网络的设计。为了说明检波器的运行情况，我们考察图4.2(a)所示的检波器，假设它是一个理想组件，其所有组成部分都是理想的。因此，在I通道和Q通道之间达到完美的平衡，在混频器本振端口和射频端口之间无泄露。本振信号分解成两个信号，这两个信号的振幅相等，相位相差90°。通常利用90° 3 dB混合电路实现90°异相。驱动混频器I的本振信号可用下式表达：

$$v_{\mathrm{LO}}^{\mathrm{I}}(t) = V_{\mathrm{LO}}\cos(2\pi ft) \tag{4.1}$$

68 式中，f 表示信号的频率，V_{LO}表示泵激正交检波器（即在90°移相器输入端）的本振信号的振幅的 $1/\sqrt{2}$，到达混频器Q的本振信号是

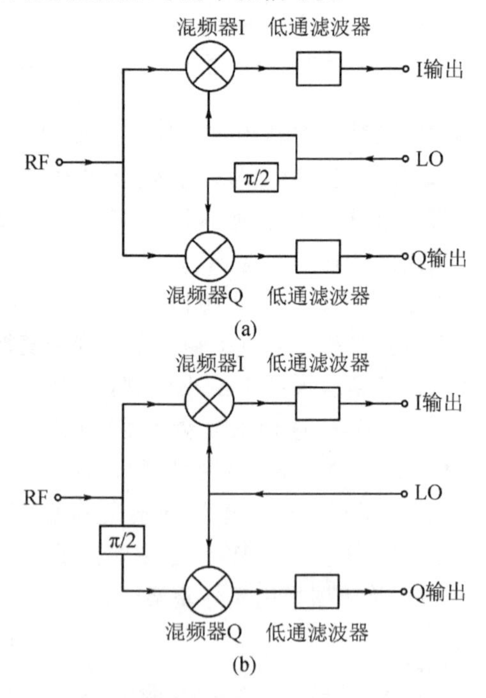

图4.2 正交检波器的框图：(a)在本振信号路径上有90°相移，在射频信号路径上相位相同；(b)在射频信号路径上有90°相移，在本振信号路径上相位相同

$$v_{\mathrm{LO}}^{\mathrm{Q}}(t)=V_{\mathrm{LO}}\cos\left(2\pi ft-\frac{\pi}{2}\right)=V_{\mathrm{LO}}\sin(2\pi ft) \tag{4.2}$$

这相对于混频器 I 的本振信号有 90°延迟。使用同相分相器(例如功率分配器)将射频信号分解成振幅和相位都相同的两个信号。到达混频器 I 和混频器 Q 的射频信号可用下式表示：

$$v_{\mathrm{RF}}^{\mathrm{I}}(t)=v_{\mathrm{RF}}^{\mathrm{Q}}(t)=V_{\mathrm{RF}}\cos[2\pi ft-\phi(t)] \tag{4.3}$$

69

式中，V_{RF}表示到达正交检波器的射频信号的振幅的 $1/\sqrt{2}$，$\phi(t)=2\pi ft_{\mathrm{R}}-\phi_0$表示在混频器的回波信号的相位，假设接收到的信号来自目标，t_{R}表示信号传播到目标和从目标返回的往返时延，ϕ_0表示初相。$\phi(t)$未考虑通向正交检波器的本振信号路径和射频信号路径的电长度之差产生的初相。可以在通向混频器的本振信号路径或射频信号路径上插接可变移相器，使初相等于零，从而消除初相对接收信号的测得相位的影响。

射频信号和本振信号在混频器 I 内混频，在 I 通道中产生 I 信号：

$$\begin{aligned}v_{\mathrm{I}}(t)&=V_{\mathrm{RF}}\cos[2\pi ft-\phi(t)]\cdot V_{\mathrm{LQ}}\cos(2\pi ft)\\&=\frac{1}{2}V_{\mathrm{RF}}V_{\mathrm{LO}}[\cos(4\pi ft-\phi)+\cos(\phi)]\end{aligned} \tag{4.4}$$

式(4.4)的第二项表示直流平均值与本振信号和射频信号的量值以及回波信号相位角的余弦值成正比，第一项表示信号的二次谐波，可以用低通滤波器消除二次谐波。通过低通滤波器后，I 信号可改写成

$$v_{\mathrm{I}}(t)=\frac{1}{2}V_{\mathrm{RF}}V_{\mathrm{LO}}\cos[\phi(t)] \tag{4.5}$$

类似地，对 Q 通道，在二次谐波被滤掉后，得到 Q 信号：

$$v_{\mathrm{Q}}(t)=\frac{1}{2}V_{\mathrm{RF}}V_{\mathrm{LO}}\sin[\phi(t)] \tag{4.6}$$

由此可知，I 信号和 Q 信号相互正交，相位差刚好为 90°，并且最终输出的 I 信号和 Q 信号都是基带信号。I 信号和 Q 信号能完全代表接收到的射频信号 $v_{\mathrm{RF}}(t)$，所以能用于对射频信号进行重构。考察一个(复)指数：

$$v(t)=v_{\mathrm{I}}(t)+\mathrm{j}v_{\mathrm{Q}}(t)=\frac{1}{2}V_{\mathrm{RF}}V_{\mathrm{LO}}\{\cos[\phi(t)]+\mathrm{j}\sin[\phi(t)]\} \tag{4.7}$$

从式(4.5)和(4.6)可知

$$V=\frac{1}{2}V_{\mathrm{RF}}V_{\mathrm{LO}} \tag{4.8}$$

和

70

$$\phi(t)=\arctan\left[\frac{v_{\mathrm{Q}}(t)}{v_{\mathrm{I}}(t)}\right] \tag{4.9}$$

以上两式分别表示接收到的信号的振幅和相位。因此，式(4.7)中的 $v(t)$的确能

表示(合成的)接收到的信号。可以将该信号表示式改写成

$$v(t) = v_{\mathrm{I}}(t) + \mathrm{j}v_{\mathrm{Q}}(t) = V\mathrm{e}^{\mathrm{j}\phi(t)} \tag{4.10}$$

因此,V 可以用下式确定:

$$V = \sqrt{v_{\mathrm{I}}^2(t) + v_{\mathrm{Q}}^2(t)} \tag{4.11}$$

式(4.11)和式(4.9)共同表明,可以利用测得的 I 信号和 Q 信号对接收到的信号进行重构。输出信号 $v(t)$的响应沿着复平面上的一个圆旋转。如果接收到的信号的相位是一个常数,即只有一个值(例如雷达上从单目标返回的信号),那么 $v(t)$仅有一个值。一般而言,接收到的信号的相位是变化的(例如雷达传感器上来自多个目标的回波信号),造成输出信号沿逆时针(CCW)或顺时针(CW)方向旋转,取决于相位 $\phi(t)$是正值还是负值。

4.2.1.2 实际正交检波器

在实际中,用于射频信号的同相分相器(例如功率分配器)不能为各分解信号提供相等的量值和相位,另外,90°移相器(例如 90°混合电路)不能分解振幅完全相同、相位刚好相差 90°的本振信号。这些不完美的组件,以及 I 通道组件(例如混频器、低通滤波器、传输线路、集总元件等)和 Q 通道同类组件之间的差异,造成通道之间失配。这种失配导致通道之间振幅不平衡和相位不平衡。不平衡量随频率而变化,因为所有组件的运行都与频率相关。这是正交检波器中最根本最严重的问题,普遍称之为 I/Q 误差。I/Q 误差限制了测量的准确度,特别是在宽频率范围内测量时。(频率相关的)I/Q 误差造成实际正交检波器偏离理想性能状态,导致非线性响应。正交检波器的非线性相位响应是系统中的一个关键问题,对测量准确度有严重影响。非线性相位响应对超外差系统的影响比对零差系统的影响要小,因为正交检波器一般使用恒定的单一中频,导致在整个工作频率范围内 I/Q 的误差不变。频率源的不稳定度也影响测量。但无论如何,如果系统的发射信号和接收信号之间的时延较短,那么频率源不稳定度对测量的影响是可以忽略不计的。此外,因为混频器端口之间的隔离有限,所以在本振端口和射频端口之间会发生信号泄漏。与本振信号的功率相比,射频信号的功率较小,因此,射频信号向本振端口的泄漏一般可忽略不计。然而,本振信号向射频端口的泄漏则值得重视。这种本振泄漏信号与原有本振信号混合,产生附加信号,使各个输出信号中都出现直流成分。这种直流成分被称为直流偏移,它使振幅不平衡和相位不平衡造成的非线性度变得更差。但是,可以通过使用带通滤波器将这种直流偏移电压过滤掉。在实际(非理想)正交检波器中,不可避免地会产生误差。当射频频率较高时,例如,在毫米波范围内的那些频率,这种误差比较严重。

71

为简化叙述又不失一般性起见,假设射频信号使用的同相分相器是完美的,I 通道和 Q 通道的所有同类组件是完全相同的,所以只有 90°移相器引起失配。还假设泵激混频器的本振信号源的相位噪声的影响是可以忽略不计的。当发射信号

与接收信号之间的时延较短时，这种假设实际上有效。可以用下式表示到达混频器 I 的本振信号：

$$v_{LO}^{I} = V_{LO}(1+\delta V_{LO})\cos(2\pi ft) \tag{4.12}$$

或

$$v_{LO}^{I}(t) = (V_{LO}+\Delta V_{LO})\cos(2\pi ft) \tag{4.13}$$

式中，δV_{LO}表示 I 通道和 Q 通道之间的相对振幅不平衡量或相对损耗（增益），ΔV_{LO}表示两个通道在频率 f 的绝对振幅不平衡量。这两种不平衡量的关系如下：

$$\delta V_{LO} = \frac{\Delta V_{LO}}{V_{LO}} \tag{4.14}$$

混频器 Q 的本振信号用下式表示：

$$V_{LO}^{Q}(t) = V_{LO}\sin(2\pi ft+\Delta\phi) \tag{4.15}$$

式中，$\Delta\phi$ 表示 I 通道和 Q 通道之间的（绝对）相位不平衡量。现在考虑两种情况：通道中无直流偏移和通道中有直流偏移。

（1）无直流偏移

到达混频器的射频信号用式（4.3）表示。I 通道产生的 I 信号用式（4.16）表示：

$$v_{I}(t)=\frac{1}{2}V_{RF}(V_{LO}+\Delta V_{LO})[\cos(4\pi ft-\phi)+\cos\phi] \tag{4.16}$$

72

二次谐波被抑制后，上式可写成

$$v_{I}(t)=\frac{1}{2}V_{RF}(V_{LO}+\Delta V_{LO})\cos[\phi(t)] \tag{4.17}$$

可以将 Q 通道出现的 Q 信号写成

$$v_{Q}(t)=\frac{1}{2}V_{RF}V_{LO}[\sin(4\pi ft-\phi+\Delta\phi)+\sin(\phi+\Delta\phi)] \tag{4.18}$$

或者，经过低通滤波器后，信号用下式表示：

$$v_{Q}(t)=\frac{1}{2}V_{RF}V_{LO}\sin[\phi(t)+\Delta\phi] \tag{4.19}$$

方程（4.17）和方程（4.19）表明，因为振幅平衡和相位不平衡，I 信号和 Q 信号不再正交和平衡，即：它们的相位差与 90°偏离，它们的振幅不相等。

（2）有直流偏移

如上文提及的，从各混频器的本振端口向射频端口的本振信号泄漏引起直流偏移。在这种情况下，在混频器 I 和混频器 Q 的射频端口出现的射频信号，由原有射频信号和本振泄漏信号组成。因此，本振泄漏信号可用下式表示：

$$v_{RF}^{I}(t)=V_{RF}\cos[2\pi ft-\phi(t)]+\alpha(V_{LO}+\Delta V_{LO})\cos(2\pi f_0 t) \tag{4.20}$$

和

$$V_{RF}^{Q}(t)=V_{RF}\cos[2\pi ft-\phi(t)]+\beta V_{LO}\sin(2\pi f_0 t+\Delta\phi) \tag{4.21}$$

式中，$0<\alpha<1$，$0<\beta<1$。

将式(4.13)的V_{LO}^{I}与式(4.20)的V_{RF}^{I}相乘，得到I输出信号：

$$v_I(t)=\frac{(V_{LO}+\Delta V_{LO})}{2}\Big\{V_{RF}[\cos(4\pi ft-\phi)+\cos\phi]$$

$$+\alpha(V_{LO}+\Delta V_{LO})[\cos(4\pi ft)+1]\Big\} \tag{4.22}$$

73 将二次谐波过滤掉后，上式可写成

$$v_I(t)=\frac{(V_{LO}+\Delta V_{LO})}{2}[V_{RF}\cos\phi+\alpha(V_{LO}+\Delta V_{LO})] \tag{4.23}$$

第二项：

$$V_{OSI}=\frac{\alpha(V_{LO}+\Delta V_{LO})^2}{2} \tag{4.24}$$

表示在混频器I中，从本振端口向射频端口的信号泄漏引起的I信号直流偏移电压。类似地，可用根据式(4.15)和(4.21)确定Q输出信号：

$$v_Q(t)=\frac{V_{LO}}{2}\Big\{V_{RF}[\sin(4\pi ft-\phi+\Delta\phi)+\sin(\phi+\Delta\phi)]$$

$$+\beta V_{LO}[1-\cos(4\pi ft+2\Delta\phi)]\Big\} \tag{4.25}$$

或者，将二次谐波过滤掉后，上式变成

$$v_Q(t)=\frac{V_{LO}}{2}\Big\{V_{RF}\sin(\phi+\Delta\phi)+\beta V_{LO}\Big\} \tag{4.26}$$

式中第二项

$$V_{OSQ}(t)=\frac{\beta V_{LO}^2}{2} \tag{4.27}$$

表示在混频器Q中，从本振端口向射频端口的信号泄漏引起的Q信号直流偏移。

根据式(4.23)、式(4.24)、式(4.26)和式(4.27)，实际正交混频器的I和Q输出信号可用下式表示：

$$v_I(t)=(V+\Delta V)\cos(\phi)+V_{OSI} \tag{4.28}$$

和

$$v_Q(t)=V\sin(\phi+\Delta\phi)+V_{OSQ} \tag{4.29}$$

式中 $V\equiv(V_{RF}+V_{LO})/2$ 和 $\Delta V\equiv(\Delta V_{RF}+\Delta V_{LO})/2$。

无论用于零差系统还是用于超外差系统，正交检波器的功能都是对信号直接进行下变频变换，即它行使零差系统的功能。在直接下变频变换中，除振幅不平衡、相位不平衡以及式(4.28)和式(4.29)所指的直流偏移问题以外，$1/f$噪声贡献也是一个关键问题。若要解决这个问题，一个简单的办法是略微迁移本振频率，使检波器输出信号的频离充分远离$1/f$噪声频谱。

74 考虑到相位不平衡和振幅不平衡造成的非线性相位响应以及直流偏移电压，

通过解方程(4.28)和方程(4.29),可以求出实际正交检波器接收信号的相位 $\phi(t)$:

$$\phi(t)=\arctan\left(\frac{1}{\cos\Delta\phi}\cdot\frac{V}{V+\Delta V}\cdot\frac{v_{\mathrm{I}}(t)-V_{\mathrm{OSI}}}{v_{\mathrm{Q}}(t)-V_{\mathrm{OSQ}}}-\tan\Delta\phi\right) \tag{4.30}$$

通常,通过求许多测量值的平均值,以消除噪声成分,确定测得 I 信号和 Q 信号。噪声成分由本振源的相位噪声和系统组件产生的白噪声组成。

4.2.2　毫米波 SFCW 雷达传感器收发机

图 4.3 显示基于相参超外差架构的 29.72～37.7 GHz 毫米波 SFCW 雷达传感器的框图。它是一个单基地系统,通过相同的天线发射和接收信号。它由一台收发机、一个波导喇叭天线和一个数字信号处理模块组成。数字信号处理模块嵌入 LabView 编程系统中。

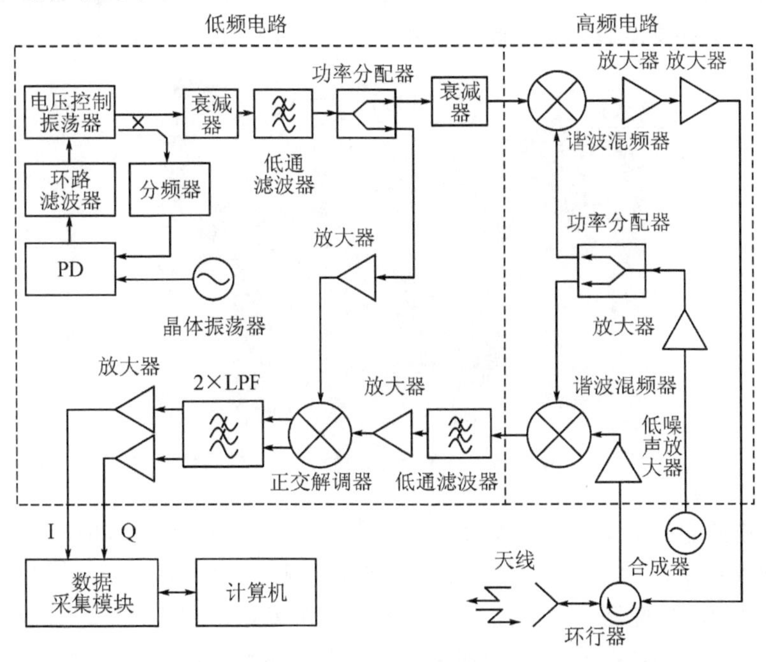

图 4.3　29.72～37.7 GHz 毫米波 SFCW 雷达传感器的框图

29.72～37.7 GHz 毫米波 SFCW 雷达传感器的工作过程:锁相环路(PLL)振荡器产生 1.72 GHz 正弦信号。锁相环路振荡器由一个温度补偿晶体振荡器(TCXO)、一个分频器和一个双极环路滤波器组成。温度补偿晶体振荡器的参考频率为 6.71875 MHz。生成的连续波,在发射机路径上的分谐波泵激混频器中,作为中频信号使用;在接收机路径上的正交检波器中,作为本振信号使用。从外部合成器引入 14～17.99 GHz 的步进频率,频率递增量为 10 MHz,对中频信号进行调制。然后,分谐波泵激混频器将中频信号上变频变换成朝向目标发射的 29.72～

37.7 GHz 信号。通过与接收机路径上的分谐波泵激混频器中的 14～17.99 GHz 步进频率混频，将目标的反射信号下变频变换成 1.72 GHz 的单中频信号。正交检波器将 1.72 GHz 的单中频信号转换成 I 信号和 Q 信号。然后，LabView 编程系统的数据采集板(DAQ)上的模/数转换器(ADC)对这些 I/Q 信号进行数字化，对 I/Q 信号进行处理以提取目标的信息。

收发机完全用微波和毫米波集成电路(MIC 和 MMIC)制成。如图 4.3 所示，收发机分成两部分：一部分是高频电路，另一部分是低频电路。这样划分是为了容易制作、评估和故障诊断，同时便于电路设计。高频电路集成于氧化铝基板上，铝基板的厚度为 0.0254 cm，相对介电常数为 9.8。低频电路形成于低成本 FR-4 基板上，FR-4 基板的厚度为 0.0787 cm，相对介电常数为 4.3。图 4.4 是收发机实物照片。氧化铝基板和 FR-4 基板安装在铝块上，铝块充当高频电路和低频电路的公共接地平面并支承收发机。收发机外形尺寸是 10.2 cm×15.2 cm。

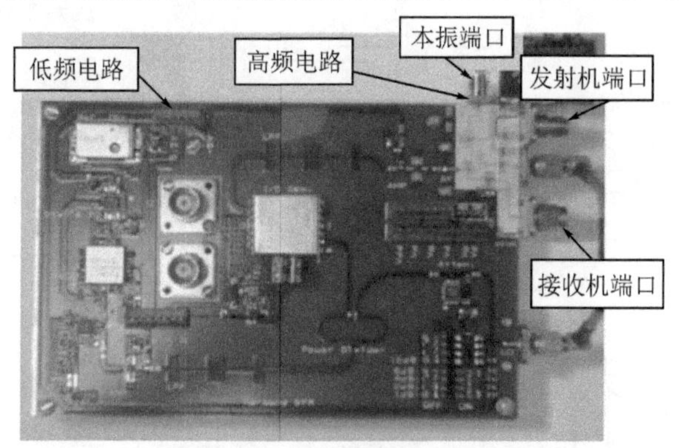

图 4.4 毫米波 SFCW 雷达传感器收发机实物照片

高频电路包括 Ku 频段中等功率放大器(Agilent，HMMC-5618)、Ka 频段分谐波泵激混频器(Hittite，HMC266)、Ka 频段低噪声放大器(TRW，ALH140C)和 Ku 频段功率分配器。它们通过微带线集成在氧化铝基板上。利用楔合机，用 0.00762 cm× 0.00127 cm 的金带连接所有组件。Ku 频段中等功率放大器放大合成器产生的外部本振功率。谐波混频器用本振端口的信号的二次谐波，对(发射用)中频端口的输入信号进行上变频变换，或对(接收用)射频端口的输入信号进行下变频变换。低噪声放大器(LNA)对接收信号进行放大，使接收机保持低噪声系数。

低频电路的工作频率小于 1.72 GHz，由一个锁相环路(PLL)电路、两个衰减器、两个低通滤波器(LPF)、一个功率分配器、两个放大器、一个正交检波器和一个双通道视频放大器。这些器件安装或蚀刻在 FR-4 基板上。PLL 振荡器产生一个稳定的单中频，衰减器将本振信号功率和中频信号功率调节至电路规范以内。LPF 减少中频信号含有的高频谐波，以及叠加到基带 I/Q 信号上的中频谐波。功率分配器将这个中频信号分解成两个中频信号：一个用作上变频器的中频信号，另一个用作正交检波器的本振信号。本振放大器将本振功率放大至足以泵激正交检波器。正交检波器将单频输入信号下变频变换成基带 I/Q 信号，单频输入信号含有目标的信息。

在传感器的工作频率范围内，使用的波导喇叭天线的增益在 23.7～24.7 dBi 范围以内，在 E 平面和 H 平面半功率波束宽度分别约为 15°和 8°。发射信号和接收信号通过环行器使用相同的天线。

通过 LabView 编程系统的数据采集模块中的 12 位模/数转换器（ADC）对基带 I 信号和 Q 信号取样。将产生的数字化 I 信号和 Q 信号组成复信号阵列。然后，利用 IDFT 算法将复信号变换成时间压缩波形，称之为合成脉冲。合成脉冲含有目标的信息。利用补零减小距离误差和提高 IDFT 的速度。在这种信号处理过程中，我们使用了汉明窗、4096 个 IDFT 点和 20 MHz 的频率步进量，结果距离误差是 ±0.09 cm。基于 4.2.5 节和 4.2.6 节描述的信号处理原理，完成该信号处理过程。

77

表 4.1 展示对接收机分析的结果。用波导喇叭天线测得的传输损耗 L_t = 13 dB，如图 3.15 所示。利用此值估算可用发射功率和可用接收功率。LNA 和下变频器需要在各自的 1 dB 功率压缩点以下工作，以避免饱和。据此，要求向 LNA 输入的最大可用接收功率必须在 −7 dBm 以下。这种功率电平导致 LNA 的输出端的功率达到 4 dBm，LNA 的增益为 11 dB。在下变频器的 1 dB 压缩点的输入功率为 4 dBm。然后，将最大可用接收功率设定为 −8 dBm，以提供 1 dB 的裕量。

表 4.1　接收机的分析

项目	增益/dB	损耗/dB	$P_{in,1dB}$/dBm	P_{out}/dBm
LNA	11		4	3
下变频器		12	4	−9
LPF		0.5		−9.5
放大器	13		1	3.5
I/Q 混频器		8	4	−4.5
LPF (R_o = 200 Ω)		6.2		−10.7
放大器 (R_o = 1 kΩ)	27.7			10
FR-4 基板		1		9
合计	51.7	27.7		
接收机的可用动态范围 $DR_{R,max}$		72	实际系统性能因子 SF_a	108

注：1. $P_{in,1dB}$ 表示 1 dB 压缩点的输入功率，P_{out} 表示输出功率。

2. 将最大可用接收功率 $P_{r,max}$ 设为 −8 dBm。假设 FR-4 基板的插接损耗为 1 dB。

根据 LNA 的噪声系数和增益(4 dB，11 dB)以及下变频器的噪声系数和增益(12 dB，−12 dB)，估算总噪声系数为 5.7 dB。如果使用 PRI(脉冲重复周期)最短(100 ms)的合成器，与此 PRI 相对应的瞬时带宽达到 10 Hz，输出端信噪比设定为 14 dB，那么根据式(2.63)算得的接收机灵敏度 S_R 为−150.3 dBm。

根据 ADC 的规格确定 ADC 的输入电压范围。在 DAQ 板上的 ADC 的分辨率是每样品 12 位，因此动态范围达到 72 dB，最大输入电压范围是±0.2 V～±42 V，当最大输入信号为±0.2 V 时，灵敏度达到 35 μV。将最大输入信号选定为±2 V，结果是，ADC 的输入电压范围是±2 V (或在 1 kΩ 时 9 dBm)～±0.5 mV (或 −63 dBm)。利用视频放大器将正交检波器的输出提升到 ADC 的输入电压范围以内。

78　根据最大可用接收功率−8 dBm，利用式(3.37)计算最大可用发射功率，其值为 5 dB。然后，利用式(3.38)确定系统性能因子 SF，其值为 155.3 dB [=(5+150.3) dBm]。根据最大可用接收功率−8 dBm，利用式(3.39)计算最大可用动态范围，其值为 142.3 dB [=(−8 + 150.3) dBm]。然而，受 ADC 的动态范围限制，接收机的可用动态范围 $DR_{R,max}$ 仅为 72 dB。利用式(3.43)确定雷达方程的实际性能因子 SF_a，其值为 108 dB [=(95+13) dB]。

类似地，表 4.2 显示发射机的分析结果。为了达到 5 dBm 的最大可用发射功率电平，使用两个级联的放大器。利用两只衰减器调整功率电平，将其中一只衰减器置于 PLL 振荡器和分相器的输出端之间，另一只则置于分相器的输出端和上变频器的输入端之间。

表 4.2　发射机分析

项目	增益/dB	损耗/dB	$P_{in,1dB}$/dBm	P_{out}/dBm
PLL 振荡器				5
衰减器		2		3
LPF		0.5		2.5
分相器		3.5		1
衰减器		5		−4
上变频器		12	4	−16
放大器	11		4	−5
放大器	11		4	6
FR-4 基板		1		7
合计	22	24		

注：假设 FR-4 基板的插接损耗为 1 dB。

4.2.3　微波 SFCW 雷达传感器收发机

图 4.5 显示的是基于相参超外差架构的 0.6～5.6 GHz 微波 SFCW 雷达传感器的系统框图。选择的频率范围应确保雷达达到足够的穿透深度，同时取得良好的分辨率。该传感器由一台收发机、两组天线和一个数字信号处理模块组成。数字信号处理模块嵌入 LabView 编程系统中。

在收发机中的温度补偿晶体振荡器（TCXO）产生 10 MHz 信号。该信号用作正交检波器的本振信号和上变频器的中频信号。上变频器将从合成器引入的 0.59～5.59 GHz本振信号变换成（通过超宽带发射天线）向目标发射的 0.6～5.6 GHz 信号。通过将目标的回波信号（通过接收天线接收该信号）与来自合成器的相参本振信号混频，下变频器将目标的回波信号变换成 10 MHz 中频信号。然后，通过将中频信号与来自 TCXO 的相参本振信号混频，在正交检波器中将中频信号变换成基带 I/Q 信号。最后，在数字信号处理模块中，用 ADC 对 I/Q 信号进行数字化，对 I/Q 信号进行处理以提取目标的信息。 79

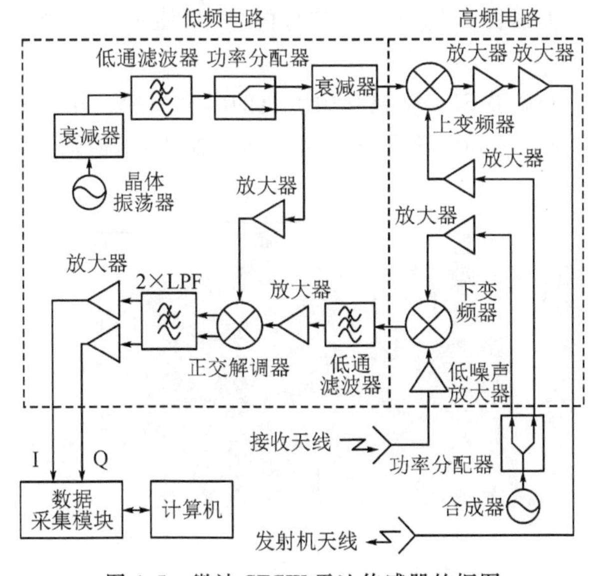

图 4.5　微波 SFCW 雷达传感器的框图

收发机完全用微波集成电路（MIC）制成。如同在 4.2.2 节中介绍的毫米波 SFCW 雷达收发机那样，微波 SFCW 雷达收发机也分成两部分：一部分是高频电路，另一部分是低频电路。这样划分是为了容易制作、评估和故障诊断。高频电路和低频电路制作在同一块 0.0787 cm 厚的 FR－4 基板上，这样是为了节省成本和方便集成。与微波电路广泛使用的 RT/Duroid 基板相比，FR－4 基板的损耗较高（在 5 GHz 频点约为 0.1575 dB/cm）。为了减少 FR－4 基板的损耗，按紧凑尺寸

5 cm × 10 cm 设计高频电路。

高频电路包括一个上变频器、一个级联式射频放大器、两个本振放大器、一个低噪声放大器(LNA)和一个下变频器。在外部本振信号的协助下，上变频器将中频信号调制成射频信号。级联放大器放大射频发射信号的功率。两个本振放大器分别将外部本振信号的功率放大至泵激上变频器和下变频器所需要的功率电平。LNA 减小了收发机的噪声系数，提高接收到的射频信号的功率。下变频器将接收到的射频信号解调成单频射频信号。

80

低频电路由稳定本机振荡器(STALO)、衰减器、低通滤波器(LPF)、功率分配器、中频放大器、本振放大器、I/Q 检波器和双通道视频放大器组成。TCXO 用于 STALO。衰减器将本振信号功率和中频信号功率调节至电路规范以内。LPF 减少中频信号含有的高频谐波，以及叠加到基带 I/Q 信号上的中频谐波。功率分配器将 TCXO 的输出信号分解成两个信号：一个用作上变频器的中频信号，另一个用作正交检波器的本振信号。本振放大器提高本振功率以泵激正交检波器。正交检波器将单频输入信号下变频变换成基带 I/Q 信号，单频输入信号含有目标的信息。双通道视频放大器提高基带 I/Q 信号的功率，使 ADC 的输入电压在规定的范围以内。

图 4.6 是开发的微波 SFCW 雷达收发机的实物照片。外形尺寸是 10.2 mm× 17.8 mm。高频电路和低频电路在 FR-4 基板上制成，基板则安装在铝块上，铝块用于接地和支承。

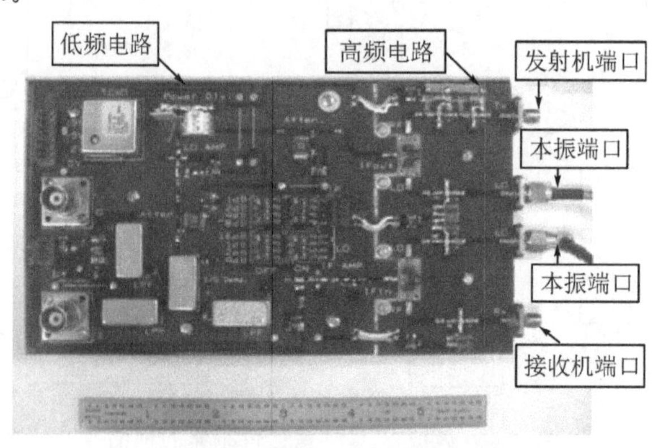

图 4.6 微波 SFCW 收发机实物照片

81

表 4.3 显示的是按 3 GHz 设计的发射机的分析结果。首先，用开发的天线测得传输损耗 L_t 为 25 dB，以估算可用发射功率和可用接收功率。将最大可用发射功率设定为 11 dB，以避免发射机的放大器饱和。利用两个衰减器调节功率电平，将其中一个衰减器置于 STALO 和分相器的输出端之间，另一个衰减器置于分相器的输出端和上变频器的输入端之间。

表 4.3　在 3 GHz 的发射机分析结果

项目	增益/dB	损耗/dB	$P_{in,1dB}$/dBm	P_{out}/dBm
STALO				5
衰减器		3		2
LPF		0.3		1.7
分相器		3.2		−1.5
衰减器		2.5		−4
上变频器		8	5	−12
1 级放大器	12		3	0
2 级放大器	12		3	12
FR-4 基板		1		11

注：假设所有 FR-4 基板的插接损耗为 1 dB。

表 4.4 显示按 3 GHz 设计的接收机的分析结果。根据最大可用发射功率，利用式(3.37)估算最大可用接收功率，其值为−14 dBm。将 ADC 的输入电压范围设定为±2 V(或在 1 kΩ 时为 9 dBm)，这与毫米波 SFCW 雷达传感器系统使用的值相同。视频放大器用于提高正交检波器的输出水平，使 ADC 的输入电压在规定的范围以内。

表 4.4　在 3 GHz 的接收机分析结果

项目	增益/dB	损耗/dB	$P_{in,1dB}$/dBm	P_{out}/dBm
LNA	12		3	−2
下变频器		8	5	−10
LPF		0.3		−10.3
放大器	13			2.7
I/Q 混频器		6	4	−3.3
LPF(R_o= 200 Ω)		6.2	—	−9.8
放大器 (R_o= 1 kΩ)	26.8		—	10
FR-4 基板		1		9
接收机可用动态范围 $DR_{R,max}$		72	实际系统性能因子 SF_a	121 dB

注：假设最大可用接收功率为−8 dBm，假设 FR-4 基板的插接损耗为 1 dB。

82 利用 LNA 的噪声系数和增益(5.5, 12 dB)以及下变频器的噪声系数和增益(8, −8 dB)估算总噪声系数,其值为 6 dB。当其他条件与毫米波 SFCW 雷达传感器的相同时,利用式(2.63)估算接收机的灵敏度 S_R,其值为−148 dBm。

根据最大发射功率 11 dBm,利用式(3.38)计算系统性能因子 SF,其值为 159 dB [=(11 + 148) dBm]。利用式(3.39)确定接收机的最大可用动态范围,其值为 134 dB[=(−14 + 148) dB]。根据 ADC 的动态范围 72 dB,利用式(3.43)计算雷达方程的实际系统性能因子,其值为 121 dB [=(96+25) dB]。

4.2.4 天 线

宽带雷达传感器采用各种宽带天线,例如,对数周期天线、螺旋天线、波导喇叭天线、横电磁波(TEM)喇叭天线等。对数周期天线的极化情况较理想,带宽较大,但其使用受其物理尺寸的严格限制。螺旋天线的带宽较大,但其使用也受其发散特点限制。波导喇叭天线可以只在波导的工作频率范围内工作,其发散性强,制造成本昂贵。对超宽带雷达传感器而言,TEM 喇叭天线是具有吸引力的解决方案,TEM 喇叭天线的固有特点是带宽较大、方向性好、相位线性度好、信号失真小。已经开发出各种类型的 TEM 喇叭天线[39-41]。有一种 TEM 喇叭天线需要在其输入端使用巴伦(即平衡-不平衡变换器),用于限制天线和收发机电路直接连接。使用巴伦也能限制天线的工作带宽。在使用双天线的双基地系统中,如果两套天线相距很近,那么在发射天线和接收天线之间的直接耦合现象十分严重。TEM 喇叭天线的尺寸也较大,制造成本较高。

已经开发和验证了不超过 Ka 频段(26.5～40 GHz)的微带准喇叭天线[42-44],这种天线拥有极大的带宽(达到几十吉赫兹)和较高的增益,并与微带电路兼容。微带准喇叭天线适合微波和毫米波 SFCW 雷达传感器使用。微带准喇叭天线的性能与波导准喇叭天线相似,但是微带准喇叭天线能在更大的带宽下工作,不需要向印刷电路过渡,制造过程更简单,成本更低。与 TEM 喇叭天线相比,微带准喇叭天线的尺寸更小,允许直接与基于微带的收发机集成,同时,确保彼此相距很近的天线之间有充分的隔离。

图 4.7 显示的是微带准喇叭天线的示意图。它由一个置于接地介电基板上的导体组成,因此类似于微带结构。可以按特定形式改变电介质,以及导体在接地平面上方的高度。导体的外形取决于介电基板上的轮廓。微带准喇叭天线可以直接
83 与不带巴伦的连接器和(或)过渡部分相连,因此其物理结构更简洁,电气性能更好。将两套用于发射机和接收机的微带准喇叭天线彼此相距很近放置时,公共接地平面充当这两套天线之间的屏蔽,所以天线之间有很强的隔离。当雷达传感器应用始终要求在发射天线和接收天线之间有某种程度的隔离时,微带准喇叭天线这种独特的隔离设计是极具吸引力的。

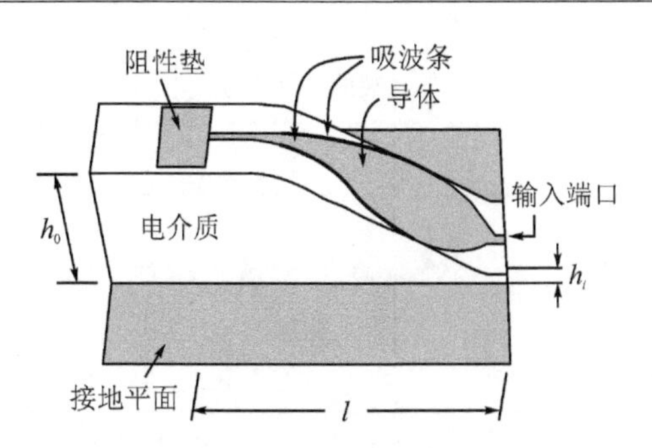

图 4.7　阻性垫和吸波条是供选用件,如需要可使用

微带准喇叭天线的工作是基于传输线波动传播原理。在微带线的均匀线段,与波长相比,顶部导体和接地平面的间距很小。波动传播大部分被限定在顶部导体与接地平面之间的电介质内部。然而,当导体与接地平面的间距逐渐增大,接近大约半个波长或更多时,能量开始以端射模式辐射。结果,波动不再在导体和接地平面之间传导。整个结构实际上作为天线运行。微带准喇叭天线缝隙的宽度主要用于控制低频辐射,因此确定了低频辐射极限,而天线的长度以及导体和电介质的轮廓则控制工作带宽范围内的匹配。

4.2.4.1　0.5～10 GHz 微带准喇叭天线

设计的微波 SFCW 雷达传感器微带准喇叭天线在整个 0.5～10 GHz 宽带内的回波损耗至少为 10 dB。此天线的长度主要受最低工作频率限制,设定为 40.6 cm。泡沫聚苯乙烯的相对介电常数($\varepsilon_r = 1.03$)几乎与空气的相对介电常数相同。用泡沫聚苯乙烯作为电介质支承天线的顶部导体。如图 4.7 所示,将阻性垫与开端相接,吸波条与边缘相连,这样能显著地减少开端和边缘产生的反射。

阻性垫用厚度为 0.635 mm、电阻率为 250 Ω/mm^2 的金属膜制成。凭经验将阻性垫尺寸调整至最优值 5.1 cm×7.6 cm。利用 Ansoft 公司的 HFSS(高频结构　84
模拟器)软件[45],进行电磁模拟,目的是从理论上验证反射系数和远场辐射方向图。

图 4.8 显示测得的时域和频域内的回波损耗。从频域图可知,低频端的回波损耗得到显著改善,原因是采用了阻性垫和吸波条,它们吸收了有限尺寸天线不能辐射的低频能量。但是,阻性垫和吸波条会降低天线的增益,减小系统的灵敏度的动态范围。如图 4.8 所示,在 0.6～10 GHz 范围内,测得的回波损耗比 12 dB 低。这些附件的影响可以在时域图内更好地说明。当未采用阻性垫和吸波条时,在　85
3.5 ns附近可看见一个附加的窄峰值,它表明输入端反射损耗恶化。

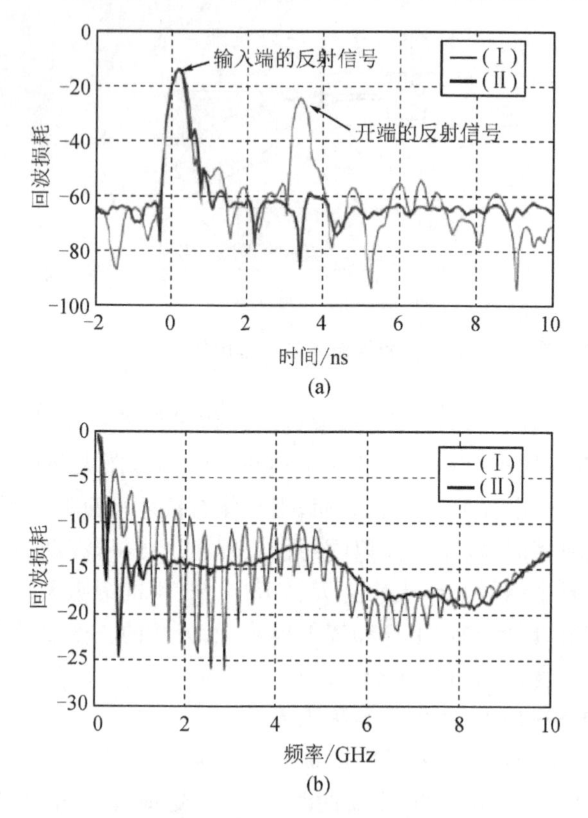

图 4.8　(a)时域内天线的回波损耗;(b)频域内天线的回波损耗
(Ⅰ)表示天线;(Ⅱ)表示天线和阻性垫及吸波条

图 4.9 显示模拟的 E 平面上的辐射方向图。在 0.6 GHz、3 GHz 和 5 GHz,模拟增益在 6～17 dBi 范围内,3 dB 波束宽度在 25°～45°范围内。

模拟结果表明,E 平面方向图偏离电轴 8°～28°,原因是受接地平面的影响。所以,在实际应用中,应仔细调整发射天线和接收天线的布置,以获得最大可能增益。使用网络分析仪,对由沥青层、基层和垫层组成的路面样品进行测量,目的是举例说明优化天线布置的可能途径。图 4.10 显示路面样品上两个已布置天线的布局。通过电磁模拟,获得角度、安全距离和间隙的一组原始值。在测量期间,对角度、安全距离和间隙进行调整。图 4.11 显示在 $\alpha=65°$,$R=20$ cm 和 $g=7$ cm 的最佳布局下,测得的两个完全一样的微带准喇叭天线的接地损耗(S_{21})。应当指出的是,波束指点第一个分界面。波束会在其他分界面上散焦,原因是在这些分界面的入射角不同。这导致穿过分界面的透射波束的角度发生变化。

86

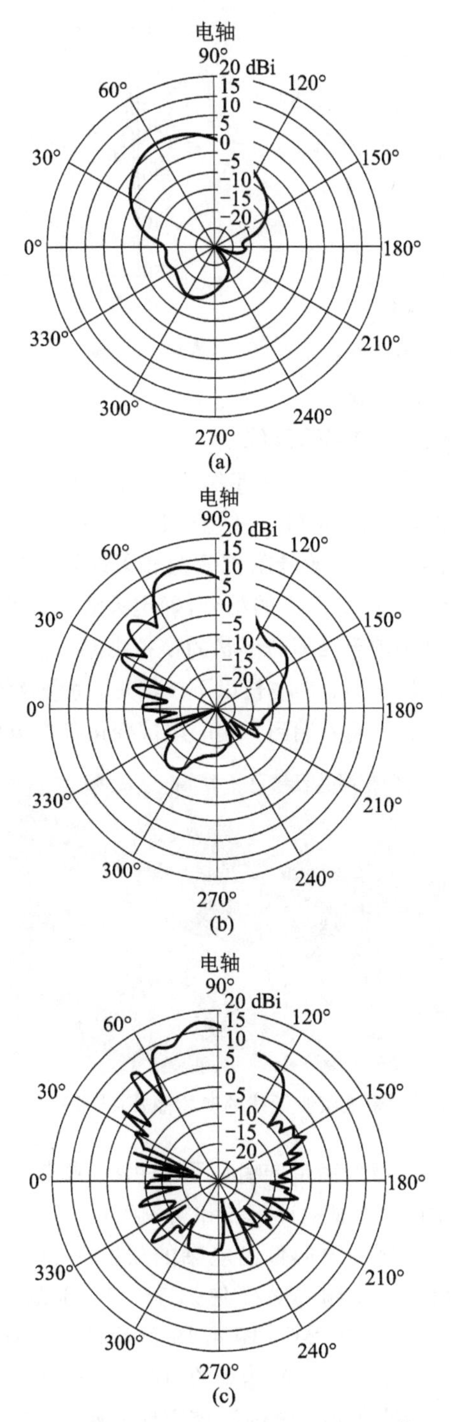

图 4.9　计算的在 0.6 GHz(a)、3 GHz(b)和 5 GHz(c)的 E 平面辐射方向图

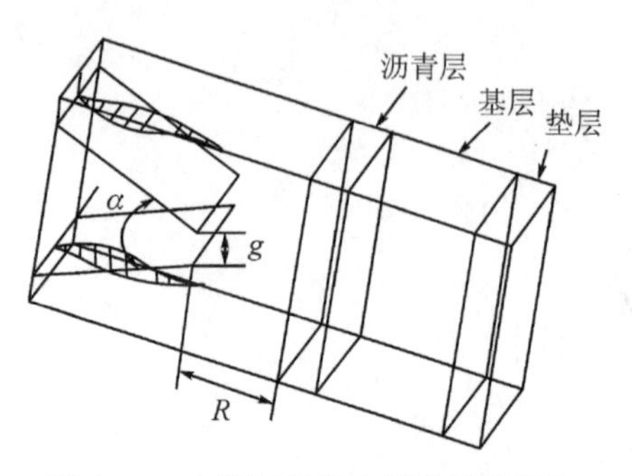

图 4.10　在路面样品上两个已布置的微带准喇叭天线的布置

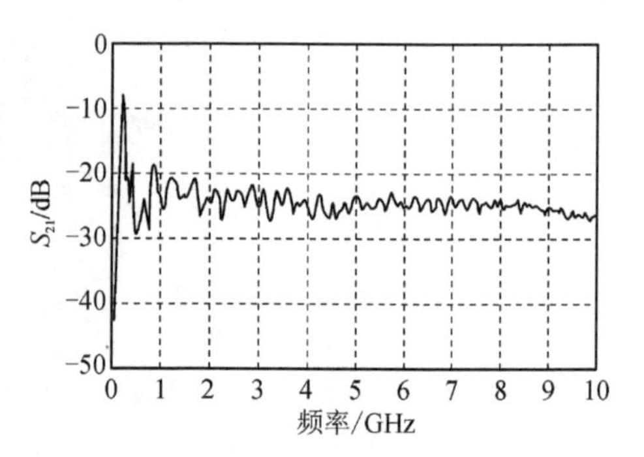

图 4.11　实测的两个已布置的微带准喇叭天线的 S_{21}

4.2.4.2　Ka 频段微带准喇叭天线

图 4.12 显示制作的 Ka 频段微带准喇叭天线的实物照片。该天线可用于毫米波 SFCW 雷达传感器。从图可知，天线直接与不带巴伦的连接器相连，因此其物理结构简单，电气性能好。为了改善阻抗变换和天线辐射特性，特别是在更低频率时，利用指数函数和余弦函数的 2 次方的组合，确定天线的形状，以确定顶部导体和接地平面之间的高度。通过比较天线不同形状的模拟结果，选择了这种函数组合。指数函数用于确定最低频率(26.5 GHz)半波长以下的高度，而余弦函数的 2 次方则用于确定从半波长到开端的高度。从输入端到开端的阻抗变化符合指数锥削规律。

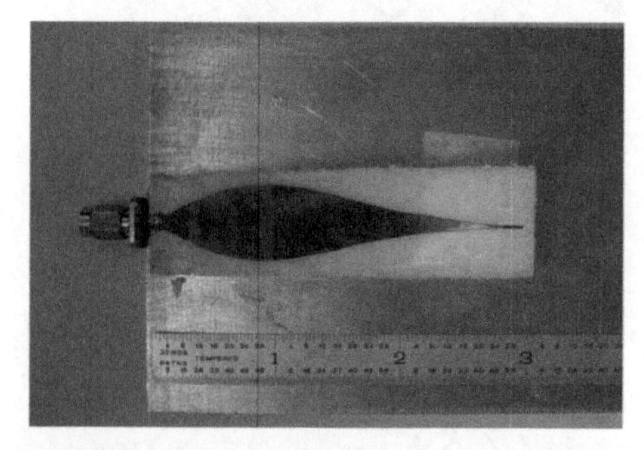

图 4.12　Ka 频段微带准喇叭天线的实物照片(未使用阻性垫和吸波条)

图 4.13 显示实测的 Ka 频段微带准喇叭天线的回波损耗。从 20 GHz 到 40 GHz，回波损耗比 14 dB 低。图 4.14 显示计算的和实测的在 26.5 GHz 和 35 GHz 的 H 平面辐射方向图，计算的和实测的方向偏离电轴的角度在－90°～＋90°范围内。计算的增益在 16～18 dBi 范围内，实测的增益在 14.5～15 dBi 范围内。在两个频率计算和实测的半功率波束宽度都小于 20°。图 4.15 显示计算的和实测的在26.5 GHz和 35 GHz 的 E 平面辐射方向图，计算的增益在 16～18.5 dBi 范围内，实测的增益在 14.5～15.5 dBi 范围内。计算的和实测的波束宽度分别为 22°和 15°。所有计算都是利用 Ansoft 公司的 HFSS 软件[45]进行的。实测的 H 平面辐射方向图与计算的结果

有相当好的吻合，尽管在物理尺寸上有一些误差。实测的在 E 平面辐射方向图与计算结果有合理的吻合，但是增益要低一些，主要原因是接地平面有限。制造的天线的尺寸和形状不可能达到与在模拟中使用的尺寸和形状完全相同，原因是顶部导体和泡沫聚苯乙烯都是用手工切割和集成的。应当指出的重要一点是，由于接地平面的影响，实测的和模拟得到的 E 平面辐射方向图都偏离电轴大约 10°。

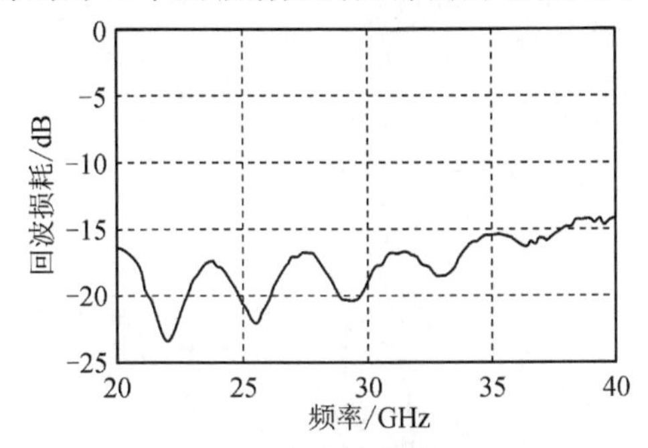

图 4.13　实测的 Ka 频段微带准喇叭天线的回波损耗

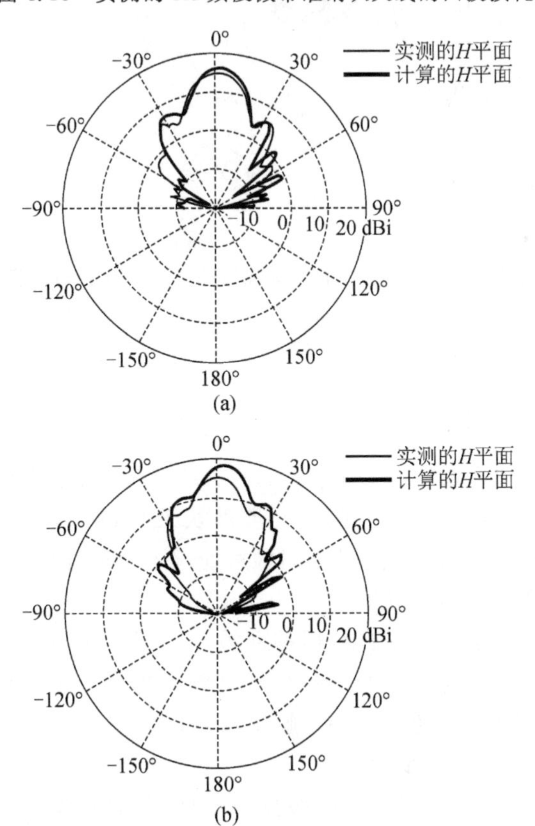

图 4.14　实测的和计算的在 26.5 GHz (a) 和 35 GHz (b)的 Ka 频段微带准喇叭天线的 H 平面辐射方向图

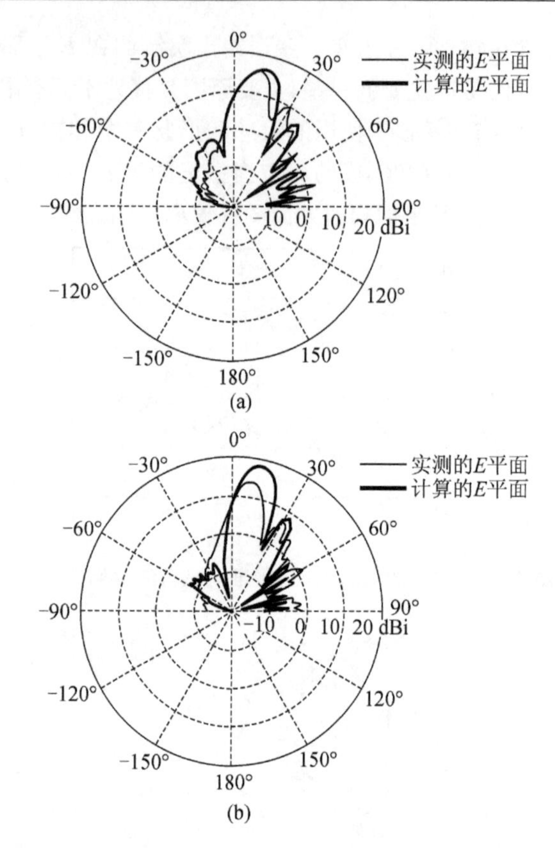

图 4.15 实测的和计算的在 26.5 GHz (a) 和 35 GHz (b)的 Ka 频段微带准喇叭天线的 E 平面辐射方向图

4.2.5 信号处理

利用 LabView 编程系统的 DAQ 板上的 ADC,对基带模拟 I/Q 信号进行数字化。这些数字化 I/Q 信号需要由信号处理模块处理,以转换成时域内的合成脉冲。据此,利用 LabView 编程系统,对微波和毫米波 SFCW 雷达传感器进行信号处理,包括 I/Q 误差补偿和 IDFT。

在数据采集期间,必须对来自目标的回波步进频率进行同步化处理。也就是说,数据采集的起始点应与期望的第一个步进频率重合。为了使第一个步进频率与数据采集的起始点同步,使用了一个触发输入,并且对 LabView 进行编程,以便将触发输入用于数据采集同步化。

对通过数据采集单元采集的 I/Q 数据进行处理,以补偿 I/Q 误差。这种补偿专注于由公共型振幅误差和相位误差引起的 I/Q 误差。在超外差系统中,能较容易地对差异型振幅误差和相位误差进行补偿[46]。然后将补偿后的 I/Q 信号并入式(3.5)表示的复矢量 $\boldsymbol{C}_i = I_i + \mathrm{j}Q_i$，$i = 0, 1, 2, \cdots, N-1$ 中。在将这些复矢量与式(3.6)表示的复矢量阵列 $\boldsymbol{V} = [\boldsymbol{C}_0, \boldsymbol{C}_1, \cdots, \boldsymbol{C}_{N-1}]$合并之前，将$(M-N)$个零添加到这些复矢量上。最后，将矢量阵列与汉明窗叠加，以减少旁瓣，并变成时域内的合成脉冲。 90

需要对来自 ADC 的数字化 I/Q 信号样品进行同步化、还原、滤波和取平均值，以获得有代表性的数据点。图 4.16(a)和(b)分别表示发射信号和回波信号的频率步进阶串。应考虑合成器的稳定时间 ζ 和接收到的信号的时延 τ，因为在时间 $\zeta+\tau$ 内发生了非相参解调。除非在时间 $\zeta+\tau$ 内，否则样品无用。因此必须只用有效样品对这些样品进行还原。 91

对图 4.16(c)所示有效样品进行重构，这样有充分的安全裕量，确保每个数据包都有有效样品。每个数据包中的样品都用 $\boldsymbol{C}_{k1}, \boldsymbol{C}_{k2}, \cdots, \boldsymbol{C}_{km}$ $(k = 0, 1, 2, \cdots, N-1)$表示，其中 $\boldsymbol{C}_{km}$ 表示与第 k 个频率相对应的第 m 个复矢量。对这些样品进行滤波和取平均值，以产生一个新的复矢量 $\boldsymbol{C}_k$，如图 4.16(d)所示。取这些样品的平均值可以减小因 TCXO 和合成器短时颤动造成的误差。

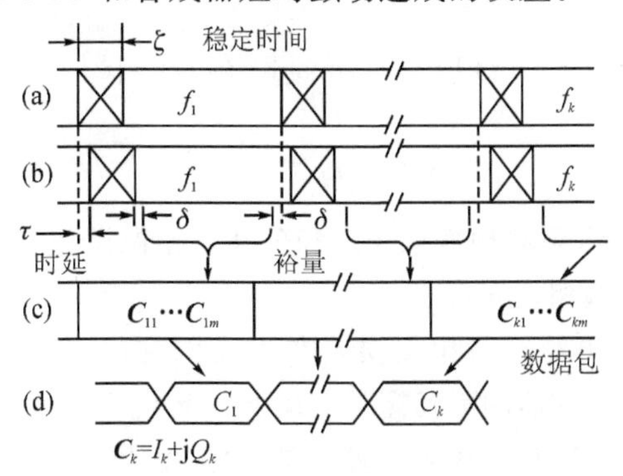

图 4.16　生成有代表性复矢量的程序

(a)发射的信号；(b)接收的信号；(c)还原的有效复矢量；

(d)取平均值后得到的有代表性的复矢量。

4.2.6　对 I/Q 误差的补偿

实际系统会在 I 通道及 Q 通道中产生公共型和差异型振幅误差和相位误差。由既通向 I 通道又通向 Q 通道的信号传播路径上的公共电路引起的误差称为公共误差。公共电路由天线、放大器、其他混频器、传输线、滤波器等组成。差异误差是由 I 通道与 Q 通道之间的失配引起的。差异误差是主要误差，普遍称之为 I/Q 误差。差异误差是在正交检波器中产生的，因为混频器 I 和混频器 Q 之间存在差异，并且在正交检波器内的 90°移相电路(例如 90°耦合器)有相位不平衡。对超外差架构而言，在整个关注的射频带宽范围内，I 通道和 Q 通道的差异型振幅误差和差异型相位误差通常是恒定不变的，原因是（下变频变换）单频恒定中频（IF）的存在，这一点在上文中已讨论过。

92 如果在 I 通道和 Q 通道中没有误差，那么与频率 f_i 相对应的基带 I 信号和 Q 信号的相位 ϕ_i 与目标距离 R 的关系可用下式表示：

$$\phi_i(R,f_i)=-\frac{4\pi Rf_i}{v}=-2\pi f_i t_\mathrm{d},\quad i=0,1,\cdots,N-1 \tag{4.31}$$

式中，v 表示信号在介质中传播的速度，t_d 表示时延，它等于往返传播时间 $2R/v$，N 表示频率步进阶数。与静止目标相对应的复矢量和 f_i 的关系可用下式表示，其中假设振幅 A_i 相等：

$$\begin{aligned}I_i(f_i)+\mathrm{j}Q_i(f_i)&=A_i\cos[\phi_i(f_i)]+\mathrm{j}A_i\sin[\phi_i(f_i)]\\&=A_i\mathrm{e}^{-\mathrm{j}2\pi f_i t_\mathrm{d}}\end{aligned} \tag{4.32}$$

如果考虑公共误差和差异误差，并且为简化叙述又不失一般性起见，假设 $A_i=1$，那么复矢量变成

$$\begin{aligned}I_i(f_i)+\mathrm{j}Q_i(f_i)=&\left(1+\frac{\mathrm{cg}_i}{2}\right)\cos[2\pi f_i t_\mathrm{d}+\mathrm{cp}_i]\\&-\mathrm{j}\left(1+\mathrm{dg}_i+\frac{\mathrm{cg}_i}{2}\right)\sin[2\pi f_i t_\mathrm{d}+\mathrm{dp}_i+\mathrm{cp}_i]\end{aligned} \tag{4.33}$$

式中，cg_i 和 cp_i 分别表示公共型振幅误差和公共型相位误差；dg_i 和 dp_i 分别表示差异型振幅误差和差异型相位误差。

差异型振幅误差和差异型相位误差在生成的合成距离像的响应中产生厄米(Hermitian)镜像，导致传感器的不模糊距离减小一半[46]。在超外差系统中，在整个射频工作频率范围内，这些误差是恒定的，原因是正交检波器通常使用恒定的单中频。所以，这些误差的测量和补偿并不难。可以利用在参考文献[23]、[46]中介绍的方法，测量 I 通道和 Q 通道的差异型振幅误差和差异型相位误差。测量结果：对微波 SFCW 雷达传感器而言，差异型振幅误差和差异型相位误差分别为 1 dB 和 3°；对毫米波 SFCW 雷达传感器而言，差异型振幅误差和差异型相位误差分别为 3.5 dB 和 7°。

公共型相位误差可以描述成由线性相位误差 $2\pi f_i\alpha$ 和非线性相位误差 β_i 组成：

$$\mathrm{cp}_i=2\pi f_i\alpha+\beta_i \tag{4.34}$$

频率相关线性相位是通过逆傅里叶变换变换成一个恒定的时延，因为这种事实的存在，公共型相位误差导致合成距离像的输出响应有一个恒定的迁移[37]。所以，没有必要补偿公共型线性相位误差。非线性相位误差则在合成距离像的响应中引起迁移和不平衡。公共型振幅误差也影响合成距离像的响应，例如，影响合成距离像形状，原因是它们常常使距离像的响应散焦，并增大旁瓣的量值。需要对这

93

些公共型非线性相位误差和振幅误差进行补偿。以下介绍一种对这些误差进行补偿的简便、有效和准确的方法。

以距离 R 为自变量，对固定频率 f_k，可以将式(4.33)确定的复矢量改写成

$$I(R)+\mathrm{j}Q(R)=(1+\frac{\mathrm{cg}_k}{2})\cos[2\pi f_k t_\mathrm{d}(R)+\mathrm{cp}_k] -\mathrm{j}(1+\mathrm{dg}_k+\frac{\mathrm{cg}_k}{2})\sin[2\pi f_k t_\mathrm{d}(R)+\mathrm{dp}_k+\mathrm{cp}_k] \tag{4.35}$$

式中，$t_\mathrm{d}(R)$表示 t_d对 R 的依存关系。从上式可知，当 R 以恒定的速率增加或减少时，如果 I 通道和 Q 通道达到完全平衡，那么这些复矢量会沿着一个圆旋转。在补偿过程中，将金属板以固定的频率沿轨道移动时，测量复矢量 $I(R)+\mathrm{j}Q(R)$。金属板的尺寸为 3 ft×3 ft(约 0.9144 m×0.9144 m)，以适应传感器的侧向分辨率。在初始阶段，复矢量沿着椭圆顺时针或逆时针(相对于金属板方向)旋转，原因是存在差异型相位误差，I 分量和 Q 分量不是正交关系。补偿这些差异型误差后，式(4.35)变成

$$I(R)+\mathrm{j}Q(R)=\left(1+\frac{\mathrm{cg}_k}{2}\right)\cos[2\pi f_k t_\mathrm{d}(R)+\mathrm{cp}_k] -\mathrm{j}(1+\frac{\mathrm{cg}_k}{2})\sin[2\pi f_k t_\mathrm{d}(R)+\mathrm{cp}_k] \tag{4.36}$$

从上式可知，I 分量和 Q 分量的相位正交，振幅平衡。所以，当金属板以固定的频率移动时，复矢量 $I(R)+\mathrm{j}Q(R)$开始沿着一个圆旋转。测量和存储旋转矢量的量值。在射频工作频率范围内的每个频率都重复该程序。以这些实测的量值为参考数据，对公共型振幅误差进行补偿。

对公共型振幅误差进行补偿后，利用式(4.36)，归一化复矢量 $I+\mathrm{j}Q$ 可以用下式表示：

$$I(R)+\mathrm{j}Q(R)=\cos[2\pi f_k t_\mathrm{d}(R)+\mathrm{cp}_k] -\mathrm{j}\sin[2\pi f_k t_\mathrm{d}(R)+\mathrm{cp}_k] \tag{4.37}$$

根据式(4.37)，并借助于式(4.34)和式(4.35)，将复矢量 $I+\mathrm{j}Q$ 的相位写成

$$\phi(f_i)=2\pi f_k t_\mathrm{d}+2\pi f_k\alpha+\beta_k \tag{4.38}$$

如前文提及，需要对非线性相位误差 β_k 进行补偿。图 4.17 显示计算的相位 $\phi(f_i)$与频率的关系。累加两个连续射频频率之间的相位差为 94

$$\Delta\phi_{k-1,k}=2\pi f_k t_\mathrm{d}+2\pi f_k\alpha+\beta_k-(2\pi f_{k-1}t_\mathrm{d}+2\pi f_{k-1}\alpha+\beta_{k-1}) \tag{4.39}$$

将计算的相位解缠，从而容易绘制计算的相位的迹线，如图 4.17(a)和(b)中所示。图 4.17(c)表明由于非线性相位误差 β_k的存在，矢量 $I+\mathrm{j}Q$ 的旋转速率并不是恒定的。

在绘制图 4.17(a)所示的合适的线性相位线之后，从计算的相位迹线中减去线性相位线，以确定非线性相位误差 β_k。在补偿非线性相位误差后，复矢量可写成 95

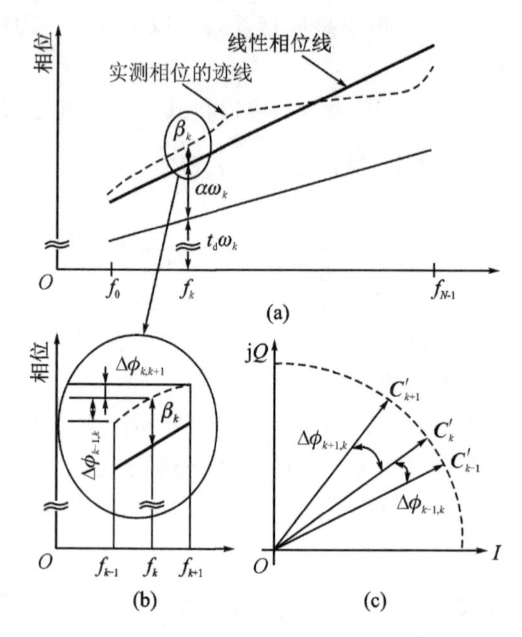

图 4.17 复矢量 $I+jQ$ 的相位与频率的关系：(a)对计算的相位的迹线进行线性变换，得到线性相位线 $(\alpha+t_d)\omega_k$；(b)(a)的放大图显示，计算的相位迹线是通过累加相位差 $\Delta\phi_{0,1}, \Delta\phi_{1,2}, \cdots, \Delta\phi_{k-1,k}, \cdots, \Delta\phi_{N-2,N-1}$ 获得的；(c)以极坐标形式表示的计算的相位的非线性度，其中 $\boldsymbol{C}'_k$ 表示对公共型振幅误差进行补偿后的第 k 个复矢量

$$\begin{aligned} I(R)+jQ(R) &= \cos[2\pi f_k t_d(R)+2\pi f_k\alpha]-j\sin[2\pi f_k t_d(R)+2\pi f_k\alpha] \\ &= \exp\{-2\pi f_k[t_d(R)-\alpha]\} \end{aligned} \tag{4.40}$$

将金属板在所有射频频率的非线性相位误差 β_k 存放于存储器中，作为参考数据使用，以补偿实际目标的非线性相位误差。图 4.18 是公共型振幅误差和非线性相位误差的提取程序的流程图。针对在感兴趣频段中进行误差补偿时使用的金属板，图 4.19 显示实测的矢量的公共型振幅误差和非线性相位误差。

96

为了对目标的实测的复矢量的公共型振幅误差和非线性相位误差进行补偿，运用上文提及的金属板误差参考数据。根据目标的实测的复矢量，将存储的公共型振幅误差的参考数据归一化、求倒数和相乘。从目标的实测的复矢量中提取相位，从该相位中减去存储的公共型非线性相位误差的参考数据。图 4.20(a)和(b)显示的是对公共型误差和非线性相位误差进行补偿之前和之后，正交检波器的归一化I/Q输出信号。

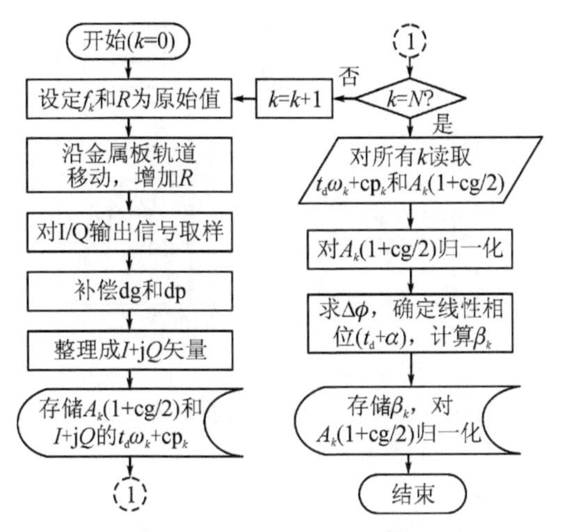

图 4.18　公共型误差计算流程图

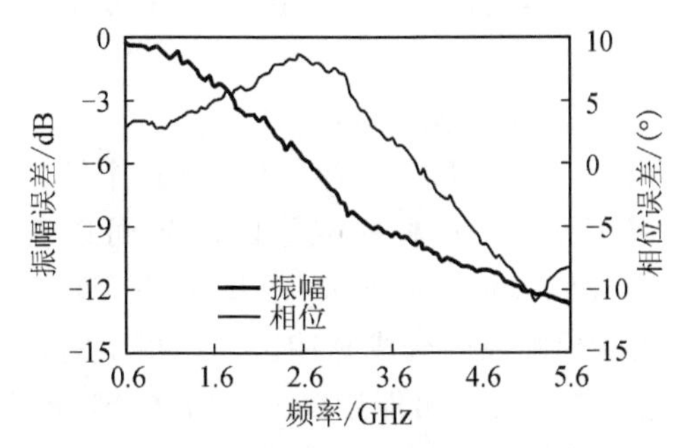

图 4.19　由系统缺陷而造成的复矢量的振幅误差和非线性相位误差

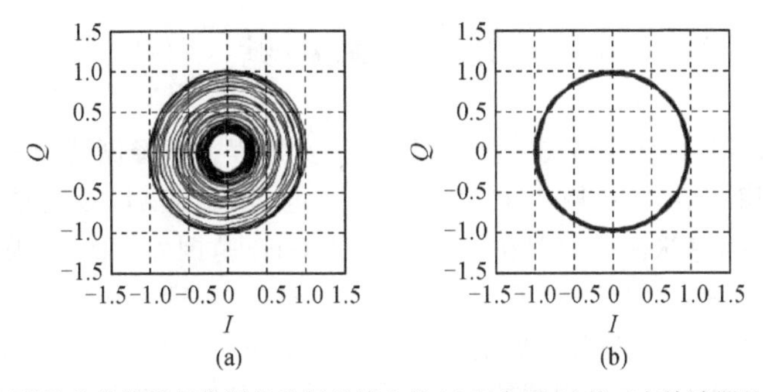

图 4.20　对振幅误差和非线性相位误差进行补偿之前(a)和之后(b)的正交检波器的归一化 I/Q 信号

图 4.21 显示的是(静止)点目标的模拟合成距离像。此图表明，公共型误差补偿方法的运用，不仅能减小合成距离像的旁瓣，而且能使合成距离像的旁瓣平衡。减小旁瓣会降低遮罩相邻目标响应的可能性，因此有利于这些目标的探测。使旁瓣平衡会提高识别目标的可能性和准确度。

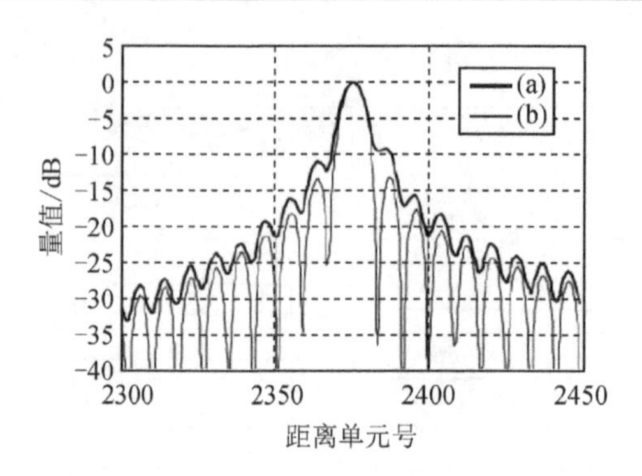

图 4.21 对振幅误差和非线性相位误差进行补偿之前(a)和之后(b)的静止目标的合成距离像(脉冲的主峰值表明目标的位置)

97 对I通道和Q通道的误差进行补偿后，对每个频率步进阶，数字化I和Q信号都被合并成一个复矢量。然后，形成一个由与 N 个频率步进阶相对应的 N 个复矢量组成的阵列 $\boldsymbol{V}$：

$$\boldsymbol{V}=[\boldsymbol{C}_0,\boldsymbol{C}_1,\cdots,\boldsymbol{C}_{N-1}] \tag{4.41}$$

式中，$\boldsymbol{C}_{N-1}=I_{N-1}+\mathrm{j}Q_{N-1}$。将$(M-N)$个零添加到这个复矢量阵列中，产生一个新的阵列 $\boldsymbol{V}_M$，其中有 M 个元素。这种补零是必需的，可以提高距离准确度（这一点已在第 4 章提及）和使用快速傅里叶变换(FFT)提升 IDFT 的速度。最后，对阵列 $\boldsymbol{V}_M$运用 FFT，以获得输出响应的合成脉冲。应当指出的是，也可利用合适的窗函数减小合成距离像的旁瓣。旁瓣可能遮罩其他由多个目标产生的像。可以基于各个目标响应选用这种窗函数。

4.3 本章小结

本章介绍了两种 SFCW 雷达传感器的开发过程。已经制造出这两种雷达传感器，它们利用了在单一封装中的微波集成电路(MIC)和微波单片集成电路(MMIC)。其中，毫米波传感器在 29.72～37.7 GHz 范围内工作，微波传感器在0.6～5.6 GHz 范围内工作。介绍了收发机、天线和信号处理模块的设计，收发机、天线和信号处理模块是传感器的最重要部分。本章呈现的材料尽管简洁，但却是重要和充分的，它们使微波工程师能制造用于各种探测应用的类似的微波和毫米波 SFCW 雷达传感器。

第 5 章　SFCW 雷达传感器的表征和测试

5.1　引　言

系统开发的一个关键要求是证明在实际应用环境中系统的可使用性。据此，利用在第 4 章中介绍的微波和毫米波 SFCW 雷达传感器进行各种实验室测试和现场测试。首先，在实验室中评估这些雷达的电气性能，以验证它们的电气参数(例如系统动态范围、发射功率等)是否符合设计值。然后，利用这些传感器进行各种表面和表面下探测。在本章中介绍系统的电气性能和一些探测测试(包括表面轮廓、液位和掩埋物体的探测)的结果，以及路面样品和实际道路的表征。在本章中，通过对所进行的探测测试进行讨论，简明扼要又不失深刻地介绍传感器探测应用的程序、传感器的工作原理和性能评估。

5.2　所开发频率步进雷达传感器的电气性能表征

首先，测试所开发的微波和毫米波 SFCW 雷达传感器的电气性能。这些测试是电气测试，以确认系统能否按设计要求正常地运行。在本节中介绍这些测试。在 5.3 节和 5.4 节中介绍不同应用中的探测测试。

5.2.1　微波 SFCW 雷达传感器

图 5.1 显示微波 SFCW 雷达传感器的框图。微波 SFCW 雷达传感器由一个收发机、两套天线和一个信号处理模块组成。图 5.2 显示在中频信号输入端和发射机输出端口之间实测的在整个工作频率范围内的发射机的高频电路模块的传输增益 G_T。

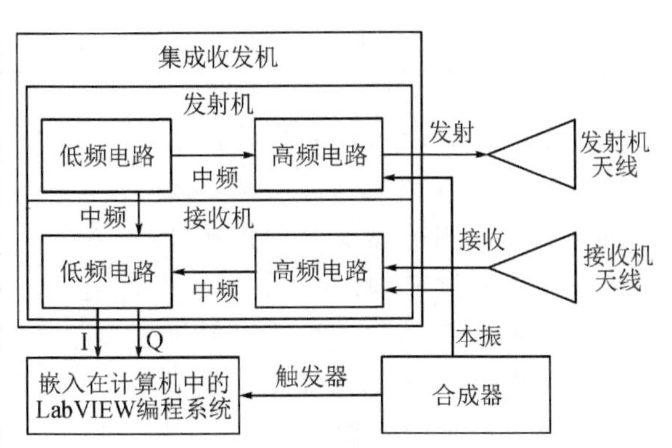

图 5.1　微波 SFCW 雷达传感器的框图

用两个衰减器调节振荡器功率，直至在分相器输出端的功率

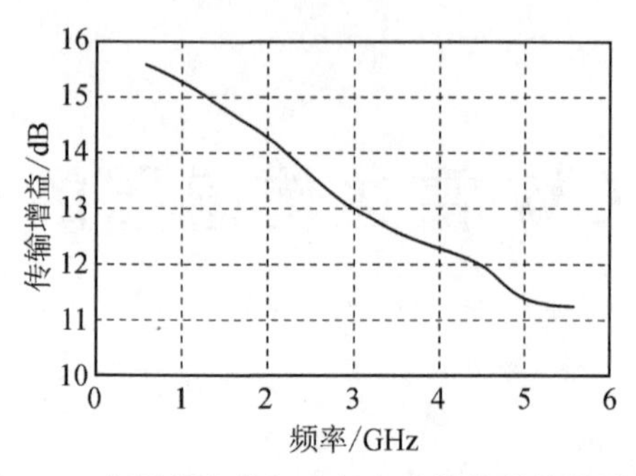

图 5.2　实测的发射机高频电路模块的传输增益

到达期望规范值－1 dB，并且在中频输出端的功率达到－4 dBm。之后，测量发射机低频电路各个组件的输出功率。在分相器输出端的－1 dB 功率被馈送至本振放大器。表 5.1 显示实测的发射机各组件的输出功率。实测的发射机输出信号在 7.5～11.5 dBm 范围内。

表 5.1　实测的发射机输出功率

<table>
<tr><th>器件</th><th>增益</th><th>损耗 /dB</th><th>P_{out}/dBm</th><th>G_T/dB</th></tr>
<tr><td>稳定本振器</td><td></td><td></td><td>4</td><td></td></tr>
<tr><td>衰减器</td><td></td><td>1</td><td>3</td><td>－1</td></tr>
<tr><td>低通滤波器</td><td></td><td>0.5</td><td>2.5</td><td>－0.5</td></tr>
<tr><td>分相器</td><td></td><td>3.2</td><td>－1</td><td>－3.5</td></tr>
<tr><td>衰减器</td><td></td><td>3</td><td>－4</td><td>－1</td></tr>
<tr><td>上变频器</td><td></td><td>不适用</td><td>不适用</td><td rowspan="3">11.4～15.5</td></tr>
<tr><td>1 级放大器</td><td>不适用</td><td></td><td>不适用</td></tr>
<tr><td>2 级放大器</td><td>不适用</td><td></td><td>7.4～11.5</td></tr>
<tr><td>合计</td><td>不适用</td><td>不适用</td><td>—</td><td>5.4～9.5</td></tr>
</table>

测量了在整个工作频率范围内接收机输入端口和中频输出端口之间的接收机高频电路模块的传输增益。在这次测量中，通过一个 25 dB 的衰减器将接收机输入端与发射机输出端相连接，这只衰减器用于模拟在第 4 章中提及的传输损耗 L_t。图 5.3 显示实测的传输增益。

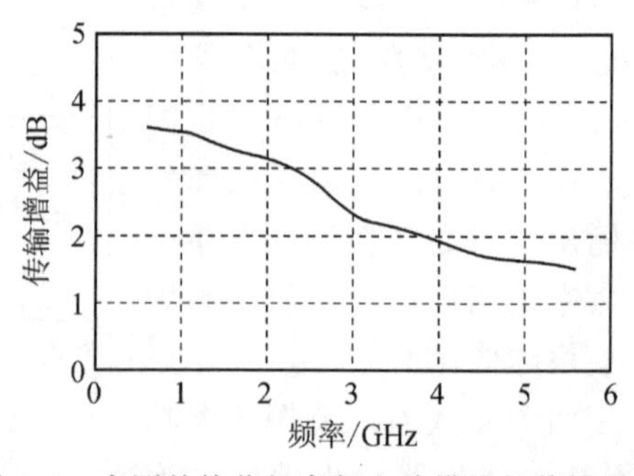

图 5.3　实测的接收机高频电路模块的传输增益

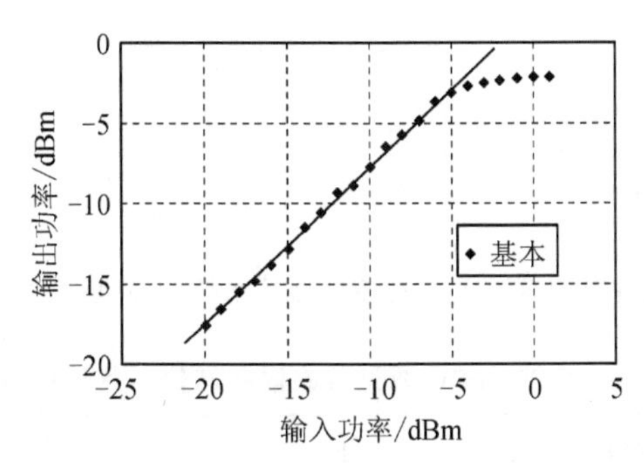

图 5.4　实测的在 3 GHz 的接收机高频电路模块的输出功率与输入功率

图 5.4 显示实测的在 3 GHz 的接收机高频电路模块的输出功率。在 3 GHz，实测的高频电路模块的输入功率1 dB压缩点是－4 dBm。借助于提升正交检波器最大输出功率(－7.4 dBm)的一个视频放大器，ADC 的输入功率没有超过 9 dBm 的最大输入功率范围。表 5.2 是对实测的接收机电气特性的总结。

表 5.2　当输入功率在－17.6～－13.5 dBm 范围内时，实测的接收机各组件的输出功率

器件	增益 (V_o/V_i)/dB	损耗/dB	P_{out}/dBm	G_T/dB
低噪声放大器	不适用	不适用	不适用	1.5～3.6
下变频器		不适用	－16.1～－9.9	
低通滤波器		0.5	－16.6～－10.4	－0.5
放大器	13		－4.6～1.6	12
I/Q 混频器		8.5	－13.6～－7.4	－9
低通滤波器 (R_o＝ 200 Ω)		0.2	－19.8～－13.6	－6.2
放大器 (R_o＝1 kΩ)	29.6		2.8～9	22.6
合计	不适用	不适用	—	20.4～22.5

按照图 5.5 所示的装置，测量了在 3 GHz 工作频率下系统动态范围。其中，外部衰减器用于降低接收机的输入功率电平。然后，对基带 I/Q 信号取样，将它变换成一个合成脉冲。将衰减水平从 25 dB 向上提升，以适应传输损耗，直至合成 101 脉冲低于 10 dB 信噪比，这发生在 105 dB 电平处。据此，求得实际系统性能因子和系统动态范围分别为 105 dB 和 80 dB。实测的系统动态范围略微低于 86 dB 的 102 预计系统动态范围。这种差异主要是总增益偏差造成的。在 3 GHz，设计增益和实测增益之间的总增益偏差在 5 dB 左右。表 5.3 显示微波 SFCW 雷达传感器的其他电气特性和控制参数。

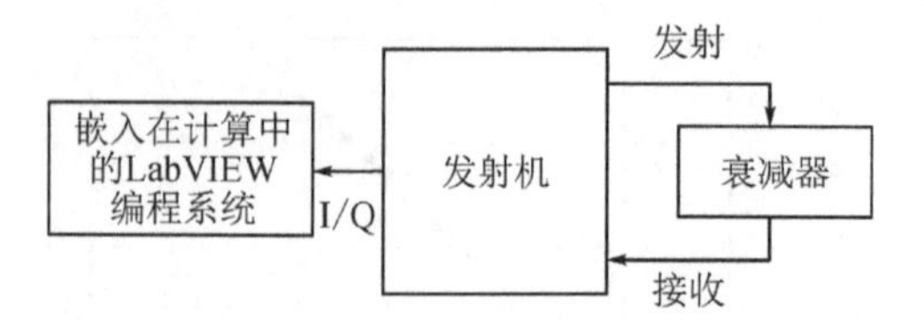

图 5.5 测量微波 SFCW 雷达传感器的系统动态范围时采用的装置

103

表 5.3 实测的微波 SFCW 雷达传感器的其他电气特性和控制参数

电气特性		控制参数	
DR_S	80 dB	频率步进量 Δf	10 MHz
SF_s(在 3 GHz)	105 dB	频率步进阶数	500
直流功耗	2.9 W	PRI	100 ms
P_{1dB}	−4 dBm	ADC 采样频率	1 kHz

5.2.2 毫米波 SFCW 雷达传感器

毫米波 SFCW 雷达传感器的配置类似于图 5.1 所示的微波 SFCW 雷达传感器的配置。但是，毫米波 SFCW 雷达传感器的发射和接收共用一套天线。图 5.6 显示在中频输入端和发射机输出端口之间实测的发射机高频电路模块的传输增益 G_T，使用频率 27～36 GHz。

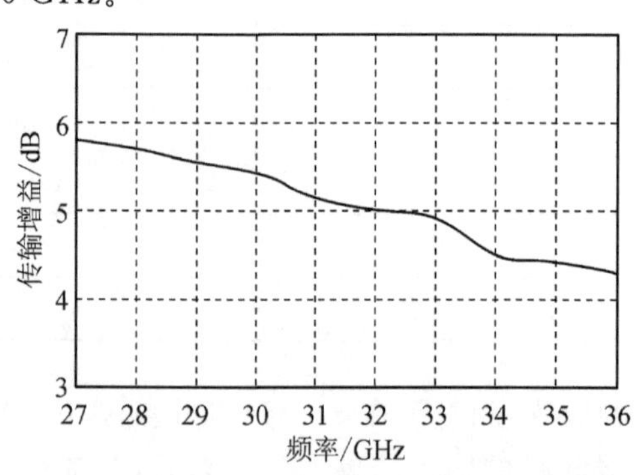

图 5.6 实测的发射机高频电路模块的传输增益

调节两个衰减器，以便将 PLL 振荡器功率测量值调节至 5.5 dBm，使分相器输出端的功率达到期望规范值 0 dBm，并且在中频输出端的功率达到−0.5 dBm。之后，测量发射机低频电路部分各个组件的输出功率。在分相器输出端的 0 dB 功率被馈送至本振放大器。表 5.4 列出在发射机各组件处实测的输出功率，其值在 3.8～5.3 dBm 范围内。

表 5.4　实测的发射机各组件的输出功率

器件	增益	损耗 /dB	P_{out}/dBm	G_T/dB
锁相环路振荡器			4.5	
衰减器		0	4	−0.5
低通滤波器		0.5	3.5	−0.5
分相器		3.5	0	−3.5
衰减器		0	−0.5	−1.5
上变频器		不适用	不适用	4.3～5.8
1 级放大器	不适用		不适用	
2 级放大器	不适用		3.8～5.3	
合计	不适用	不适用	—	−1.7～−0.2

图 5.7 显示在接收机输入端和中频输出端口之间实测的接收机高频电路模块的传输增益，使用频率 27～36 GHz。

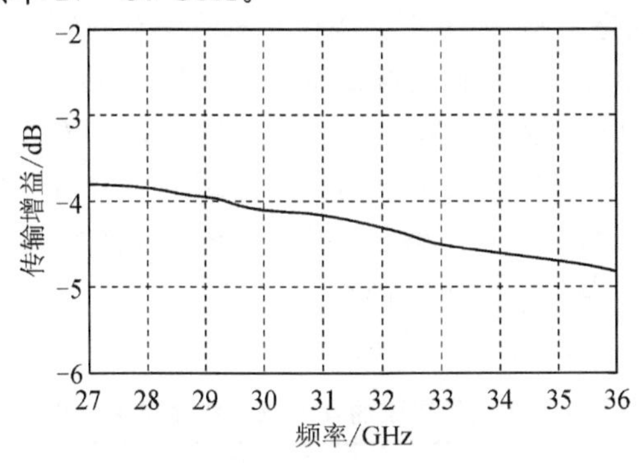

图 5.7　实测的接收机高频电路模块的传输增益

图 5.8 显示接收机高频电路模块在 32 GHz 时的输出功率。在 32 GHz，实测的高频电路模块的输入功率 1 dB 压缩点是−6 dBm。

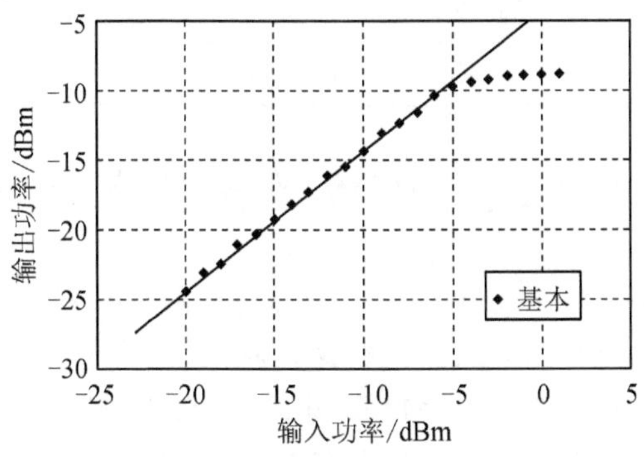

图 5.8　在 32 GHz 时实测的接收机高频电路模块的不同输入功率的输出功率

视频放大器用于放大正交检波器的最大输出功率为－10 dBm，使 ADC 的输入功率不超过 9 dB 的最大输入功率。表 5.5 显示实测的接收机电气特性。

表 5.5 实测的接收机输出功率，输入功率在－9.2～－7.7 dBm 范围内

器件	增益 (V_o/V_i)/dB	损耗 /dB	P_{out}/dBm	G_T/dB
低噪声放大器	不适用	不适用	不适用	－4.8～－3.8
下变频器		不适用	－14～－11.5	
低通滤波器		0.5	－14.5～－12	－0.5
放大器	12		－3.5～－1	11
I/Q 混频器		8.5	－12.5～－10	－9
低通滤波器(R_o＝ 200 Ω)		0.2	－18.7～－16.2	－6.2
放大器(R_o＝ 1 kΩ)	32.2		6.5～9	25.2
合计	不适用	不适用	—	15.7～16.7

105

没有测量系统动态范围，因为不能获得衰减范围宽的外部衰减器。但是，毫米波 SFCW 雷达传感器的信号处理增益比微波 SFCW 雷达传感器的信号处理增益低 1 dB，毫米波 SFCW 雷达传感器的增益偏差比微波 SFCW 雷达传感器的增益偏差大 3 dB，考虑到这些事实，同时根据上文介绍的微波 SFCW 雷达传感器的实测的动态范围值，将系统动态范围假设为 76 dBm。根据系统动态范围假设值，计算实际系统性能因子，其值为89 dB(76＋13 dB)。表 5.6 显示实测的其他电气特性和控制参数。

表 5.6 实测的系统的其他电气特性和控制参数

电气特性		控制参数	
DR_S	76 dB	频率步进量 Δf	10 MHz
SF_a(在 32 GHz)	89 dB	频率步进阶数	400
直流功耗	2.6 W	PRI	100 ms
P_{1dB}	－6 dBm	ADC 采样频率	1 kHz

5.3 毫米波 SFCW 雷达传感器的测试

本节介绍利用毫米波 SFCW 雷达传感器进行的 4 种不同探测应用测试：表面轮廓探测、液位探测、掩埋物体探测。在这些测试中，作了几个假设：第一，假设目标或物体是各向同性材料并且损耗较低；第二，假设入射波是均匀平面波；第三，假设忽略结构层上的双反射波；最后，根据在参考文献[31]中提出在 0.1 和 1 GHz 的干沙层损耗值，对在掩埋地雷探测中使用的干沙层的损耗进行简单估算。这些假设可能造成实际穿透深度和计算的穿透深度之间有差异。但是，这些测试的主要目的是验证毫米波 SFCW 雷达传感器是否可用于表面下探测。所以，不对这些假设进一步调查。虽然如此，测量结果与实际情况的吻合度还是较好的。 106

5.3.1　表面轮廓探测

本探测证实毫米波 SFCW 雷达传感器的结构表面成像能力。使用了一块 20 in×6 in(约 50.80 cm×15.24 cm)的表面高度有突变的塑料样品。将传感器的天线直接指向但不接触样品。同时，将样品沿 x 轴方向移动，如图 5.9 所示。每移动 0.2 in(约 0.508 cm)，采集一次测得的数据。图 5.10 表示实际轮廓和根据测量值重构的轮廓。除靠近边缘部位外，重构轮廓与实际轮廓的吻合度较好，高度误差小于 ±0.04 in(约±0.10 cm)。在靠近边缘部位，实际表面轮廓有突变。

为了求出传感器的侧向分辨率，我们根据重构轮廓估算了该传感器可探测的最小横向距离。如图 5.10 所示，从 A 中减去 B，得到最小横向距离。在特定高度，由 $A-B$得到的距离是恒定的。这意味着，当 $B>0$ 时，传感器可以对底面进行重构。最小可探测横向距离 R_{c_min}表示传感器的侧向分辨率，其估算值为 1 in(约 2.54 cm)。利用在第 3 章中的式(3.22)，从理论上计算的距离 $R=3.5$ ft(约 106.68 cm)的侧向分辨率为 0.92 in(约 2.34 cm)。所以，侧向分辨率估算值与理论计算值有较好的吻合。

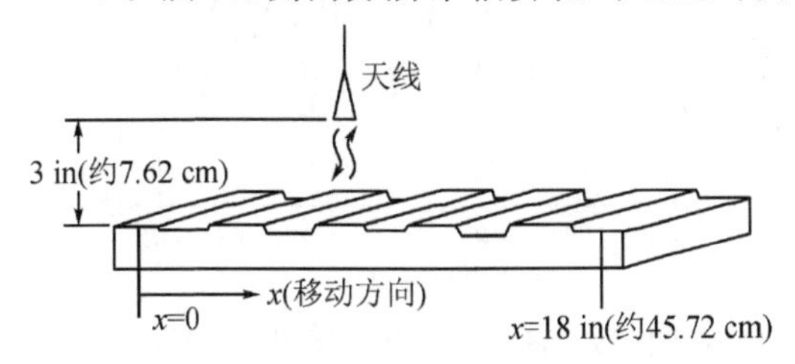

图 5.9　探测表面轮廓的装置

107

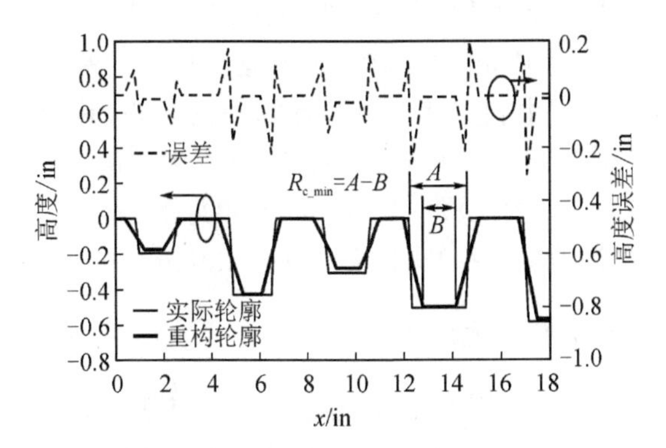

图 5.10　图 5.9 中所示样品的表面的重构轮廓和实际轮廓，图中，将 $x=0$ 的顶面的高度设为 0

5.3.2 液位探测

本探测证实毫米波 SFCW 雷达传感器对储箱内液位进行连续监控的能力。图 5.11 显示雷达传感器对储箱内液位的探测。降低液位，使液位低于参考液位。刚开始时比参考液位低 0 in(0 cm)，直至比参考液位低 3 in(约 7.62 cm)，测量发生的变化。图 5.12 显示了实测液位和实际液位，从图可知，二者有很好的吻合，误差小于±0.04 in(约±0.10 cm)。

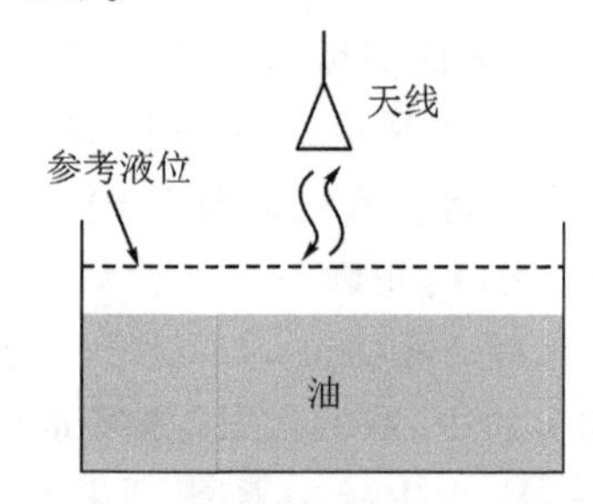

图 5.11 探测储箱内液位的装置

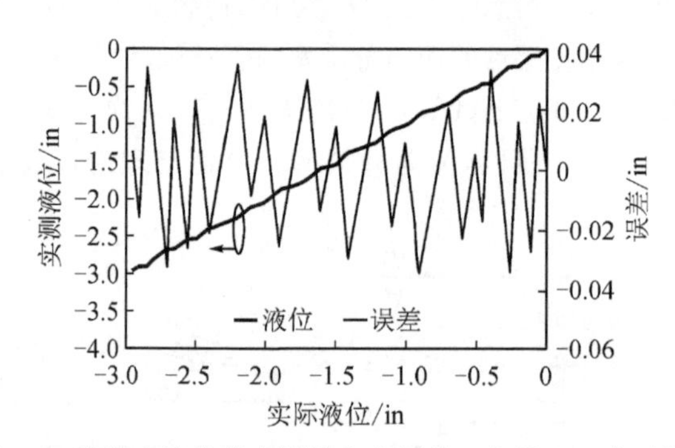

图 5.12 图 5.11 储箱内液位的实测值和实际值。负号(—)表示低于参考液位

从上述表面轮廓探测和液位探测可知，毫米波 SFCW 雷达传感器取得较好的距离准确度，误差小于±0.04 in(约±0.10 cm)，这与理论误差±0.036 in(±0.09 cm)有较好的吻合。在第 3 章中利用式(3.17)计算理论误差，其中频率步进量和步进阶数分别是20 MHz和 4096 点。实测的侧向分辨率为 1 in(约 2.54 cm)，这与理论侧向分辨率 0.72～0.92 in(约 1.83～2.34 cm)有很好的吻合。此外，传感器能对液位的垂直位移进行非常准确的探测，误差小于±0.04 in(约±0.10 cm)。

108

5.3.3 掩埋物体的探测

在本探测中，毫米波 SFCW 雷达传感器显示其探测掩埋物体(例如地雷、未爆炸弹药、地下结构和管道等)的能力。为了证实表面下探测能力，使用了在沙层中掩埋的三颗防步兵地雷，如图 5.13 所示。因为只是演示而不制作精细图像，所以探测仅限于确定这些地雷在沙层中掩埋的位置。

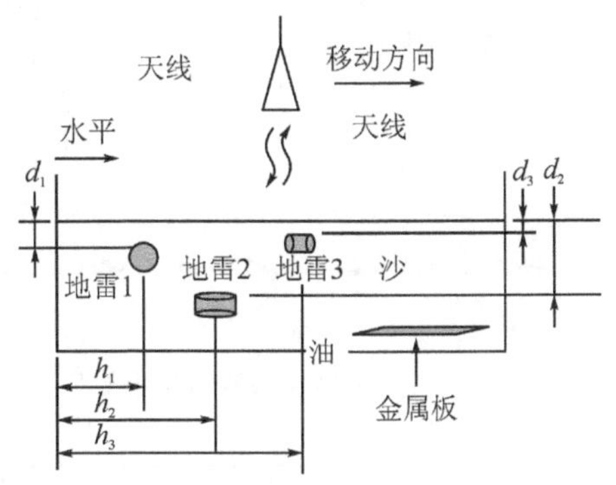

图 5.13　探测在沙层中掩埋的防步兵地雷的装置

第一颗防步兵地雷 AP1 是一个直径为 2.5 in(约 6.35 cm)的金属球体。在沙层表面下的掩埋深度(d_1)为 2 in(约 5.08 cm)，至容器边缘的水平距离(h_1)为 7 in(约 17.78 cm)。第二颗防步兵地雷 AP2 是一个直径为 5 in(约 12.70 cm)，高度为 2.5 in(约 6.35 cm)的圆柱体，掩埋深度(d_2)为 6 in(约 15.24 cm)，水平距离(h_2)为 15 in(约 38.10 cm)。第三颗防步兵地雷 AP3 是一个直径为 2.2 in(约 5.59 cm)，高度为 3.5 in(约 8.89 cm)的圆柱体，掩埋深度(d_3)为 0.75 in(约 1.91 cm)，水平距离(h_3)为 23 in(约 58.42 cm)。

出于标定考虑，首先，将面积为 0.04 m^2 的金属板放在沙层表面下 10 in(约 25.40 cm)。然后，进行探测以确定其掩埋深度。在本次探测中，利用式(3.16)确定金属板的掩埋深度，不考虑传播介质的影响；也就是说，假设空气为传播介质。探测深度为 16.7 in(约 42.42 cm)，这比实际深度大，原因是未考虑电介质的影响。利用以下关系式，根据金属板的探测深度 d_m，求出考虑传播介质影响后经过修正的探测深度 d：　109

$$d=\frac{10d_m}{16.7} \tag{5.1}$$

完成金属板探测后，对 3 颗地雷的掩埋深度(d_1、d_2、d_3)和水平距离(h_1、h_2、h_3)进行了探测。探测时，将天线沿水平方向移动，如图 5.13 所示。假设空气为传播介质，利用式(3.16)求出的 3 颗地雷的探测深度分别为 3.39 in(约 8.61 cm)、10.09 in(约 25.63 cm)和 1.33 in(约 3.38 cm)。考虑传播介质影响后经过修正的探测深度分别为 2.05 in(约 5.21 cm)、6.08 in(约 15.44 cm)和 0.8 in(约 2.03 cm)，如图 5.14 所示，此图显示了与这些地雷和金属板相对应的合成脉冲。3 颗地雷的探测水平距离分别为 7 in(约 17.78 cm)、15.75 in(约 40.01 cm)和 23.25 in(约 59.06 cm)。图 5.15 显示探测的地雷位置。结果表明，考虑传播介质影响后经过修正的探测深

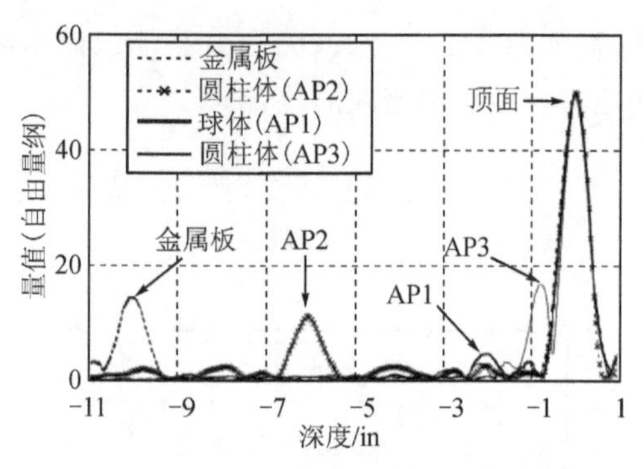

图 5.14 从防步兵地雷和金属板探测结果中提取的合成脉冲

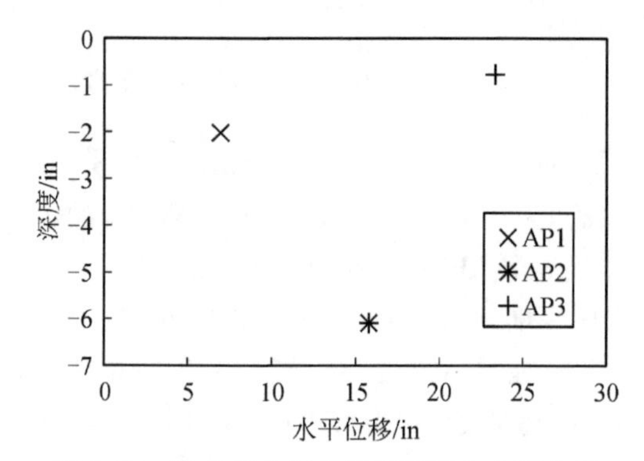

图 5.15 防步兵地雷的探测深度和水平位移

度与实际深度的偏差小于 0.08 in(约 0.20 cm),探测水平距离与实际水平距离的偏差小于 0.75 in(约 1.91 cm)。

应当指出的是,对掩埋深度仅为 0.75 in(约 1.91 cm)的 AP3 地雷进行了较准确的探测定位,证实了用式(3.27)计算的理论距离分辨率。因此,该传感器显示了它以极具竞争力的分辨率探测尺寸非常小的掩埋目标的能力。

110

5.4 微波 SFCW 雷达传感器的测试

本节介绍用微波 SFCW 雷达传感器进行的两次探测以验证该雷达是否可用于表面下探测。其中,一次是在实验室内对路面样品进行探测,另一次是在德州农工大学(Texas A&M University)的试验场对实际道路进行探测。在这些探测中进行了一些假设:首先,假设目标或物体是各向同性材料并且损耗较低;第二,假设入射波是均匀平面波;第三,忽略在第 2 章中提及的结构层上的多重反射波;最后,将结构层视为光滑半空间。不因实际路面材料而对这些假设进行修正。然而,稍后就可看到,取得的探测结果较准确地反映了实际路面结构。

111

5.4.1 路面样品的探测

本探测证实微波 SFCW 雷达传感器对多层结构进行表征的能力。如图 5.16 所示，探测中使用的路面样品是双层结构，置于 36 in×36 in(约 91.44 cm×91.44 cm)的木箱内。上面是沥青层，厚度为 2.6～2.7 in(约 6.60 cm×6.86 cm)，下面是基层，厚度是 4.1 in(约 10.41 cm)。填充材料是石灰石。传感器的两套天线离样品 0.2 m 远，并朝样品表面倾斜，取平行极化。从空气中的入射角为 10°。传感器工作在 3 GHz。

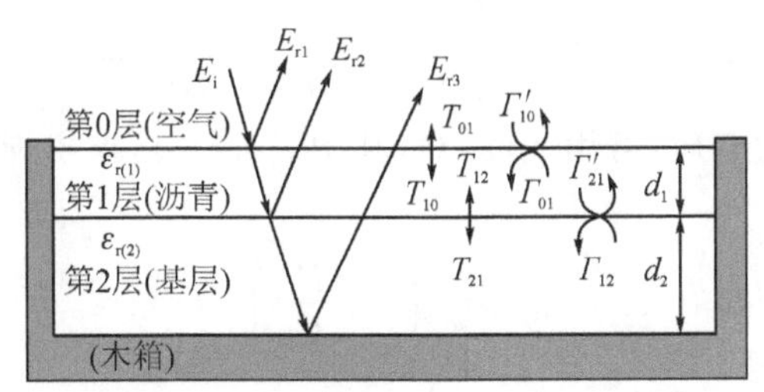

图 5.16　放置在木箱内的路面样品、入射波和反射波的示意图。E_i表示入射波；E_{r1}、E_{r2}和E_{r3}分别表示在第 0 层和第 1 层、第 1 层和第 2 层、第 2 层和木箱的分界面上的反射波；d_1、d_2分别表示第 1 层第 2 层的厚度

如在第 2 章和第 3 章中所说明的那样，10°入射角并不大，对反射系数和透射系数以及穿透深度的影响甚微，所以忽略不计。在样品结构层分界面上反射的信号如图 5.16 中所示。

利用在第 2 章中的式(2.34)，求出在图 5.16 中第 2 个分界面上的反射电场 E_{r2}：

$$E_{r2} = E_i T_{10} T_{01} \Gamma_{21} \exp(-\alpha_1 d_1) \tag{5.2}$$

式中，E_i表示入射波的电场。

假设结构层的损耗较低，因此它们的相对介电常数可近似为实数。对于均匀平面波从第 i 层沿法向入射到第 $i+1$ 层，可以用式(2.31)导出第 $i+1(i=0,1,2)$ 层的相对介电常数 $\varepsilon_{r(i+1)}$：

$$\varepsilon_{r(i+1)} = \varepsilon_{r(i)} \left(\frac{1-\Gamma_{i+1,i}}{1+\Gamma_{i+1,i}}\right) \tag{5.3}$$

式中，$\varepsilon_{r(i)}$表示第 i 层的相对介电常数，$\Gamma_{i+1,i}$表示第 i 层入射到第 $i+1$ 层的入射波的反射系数。

对法向入射而言，在第 n 个分界面上的反射电场的量值 E_{rn} 可用式(2.37)求出：112

$$|E_{rn}| = |E_i| |\Gamma_{n,n-1}| \left(\prod_{m=1}^{n-1} T_{m,m-1} T_{m-1,m} \exp(-2\alpha_m d_m)\right) \tag{5.4}$$

式中，α_m和d_m分别表示第m层的衰减常数和厚度。

入射电场E_i的量值，等于从(完美)金属板反射电场E_m的量值，该金属板放置在第1个分界面上，与$\Gamma_{10}=-1$相对应：

$$|E_i|=|E_m| \tag{5.5}$$

然后，可用式(5.4)和式(5.5)求出第一个分界面和第二个分界面上的反射系数：

$$\Gamma_{10}=\frac{|E_{r1}|}{|E_m|} \tag{5.6}$$

和

$$\Gamma_{21}=\frac{|E_{r2}|}{|E_m|T_{10}T_{01}\exp(-2\alpha_1 d_1)} \tag{5.7}$$

对于从空气入射介质，可用式(5.3)，其中$\varepsilon_{r(0)}=1$，求出沥青层和基层的相对介电常数：

$$\varepsilon_{r(1)}=\left(\frac{1-\Gamma_{10}}{1+\Gamma_{10}}\right)^2 \tag{5.8}$$

和

$$\varepsilon_{r(2)}=\varepsilon_{r(1)}\left(\frac{1-\Gamma_{21}}{1+\Gamma_{21}}\right)^2 \tag{5.9}$$

可以利用在第3章中的式(3.16)，导出第i层的厚度：

$$d_i=\frac{v\Delta n_{(i,i+1)}}{2M\Delta f\sqrt{\varepsilon_{r(i)}}} \tag{5.10}$$

式中，$\Delta n_{(i,i+1)}$表示与第i和$i+1$层对应的距离单元号之差，如图5.17所示。图5.17显示了根据探测数据获得的路面样品和金属板的合成距离像。应当指出的是，本程序也适用于层数大于3的结构。

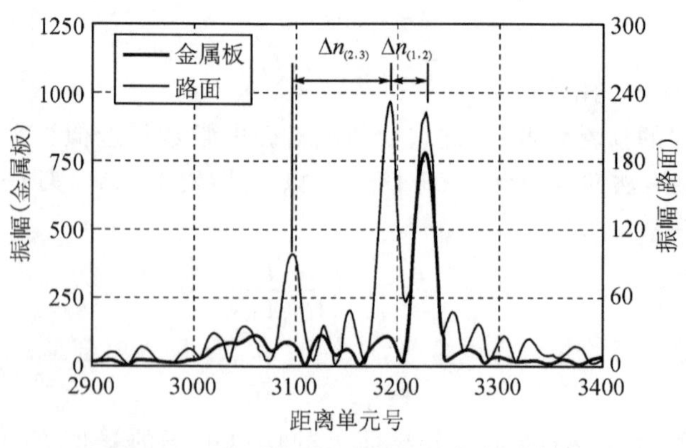

图5.17　路面样品和金属板的合成距离像

表 5.7 显示路面样品的参数实测值和实际值。各层的厚度实测值与实际值有较好的吻合。应当指出的是，在这里没有使用在第 2 章的表 2.1 中列出的沥青层和基层材料的理论相对介电常数，原因是这些值变化范围大，在表 2.1 中列出的沥青层和基层材料，与在我们的路面样品中的沥青层和基层材料不相同。

表 5.7　路面样品的参数实际值与实测值的比较

参数		沥青层	基层
相对介电常数	实测值	3.24	12.5
厚度/in	实际值	2.6～2.7	4.1
	实测值	2.72	4.04

5.4.2　实际路面的探测

本探测证实微波 SFCW 雷达传感器在实际环境中表征多层结构的能力。探测是在德州农工大学的两个试验场上的实际道路上进行的。如前面章节所讨论的，考虑到可用合成器的 PRI 较短，只进行了静止测试。

第一场测试的试验场被分隔成几个不同的部分。这些部分的路面层的厚度不同，如表 5.8 所示。然而，实际厚度和其他特性应与表 5.8 列出的那些值不同，原因是该试验场是在 1972 年前后建成的。第二场测试的道路的沥青层厚度固定不变为 2 in(约 5.08 cm)，但是基层的厚度连续变化，如图 5.18 所示。测试总长度为 100 ft(约 30.48 m)，每隔 20 ft(约 6.10 m)采集一次测量数据。

114

表 5.8　不同路面层的材料和厚度

截面	厚度/in				
	沥青层		基层		垫层
	实际值	实测值	实际值	实测值	实际值
A	5	4.68	4 (z)	不适用	4(x)
B	5	4.82	4(z)	不适用	4(z)
C	3	3.12	8(y)	不适用	8(y)
D	1	0.99	4(y)	3.96	12(x)

注：x、y 和 z 分别表示“石灰石”“石灰石＋2％石灰”和“石灰石＋4％水泥”。

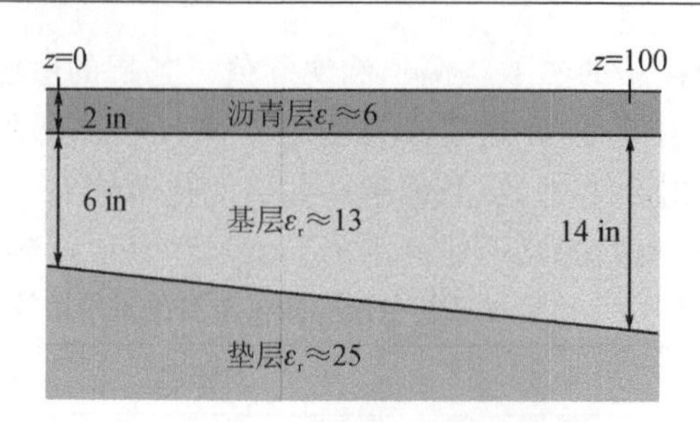

图 5.18　道路的横截面

图 5.19、图 5.20、图 5.21 和图 5.22 表示根据横截面 $A\sim D$ 探测数据获得的合成轮廓像。如这些图所示，对横截面 A、B 和 C，传感器可以探测至沥青层和基层之间的第二个分界面；对横截面 D，传感器可以探测至基层和垫层之间的第三个分界面。在横截面 D，沥青层的厚度只有 1 in(约 2.54 cm)。利用式(5.10)求出的沥青层和基层的探测厚度，在表 5.8 中列出。

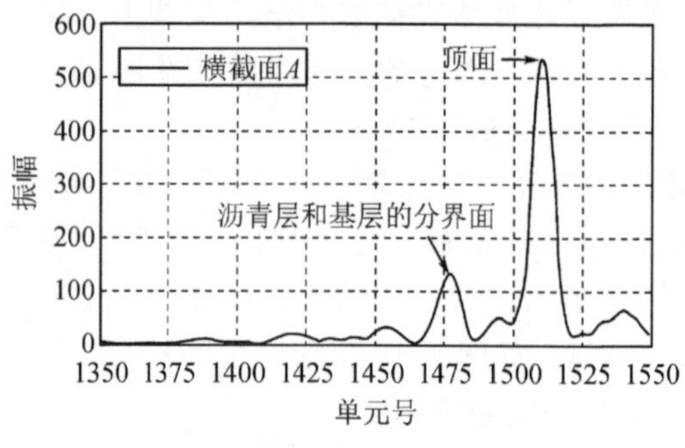

图 5.19　横截面 A 的合成轮廓像

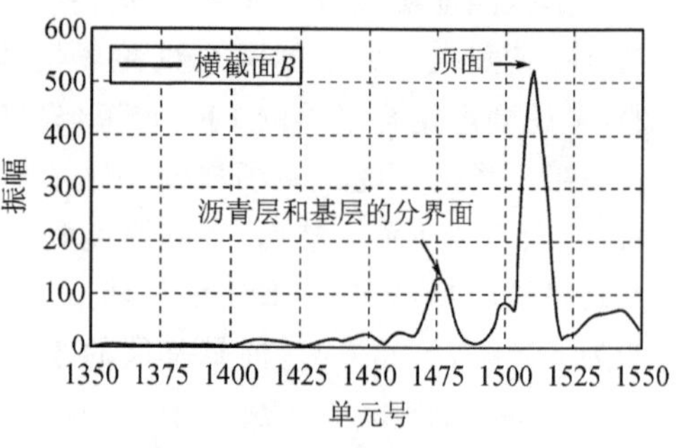

图 5.20　横截面 B 的合成轮廓像

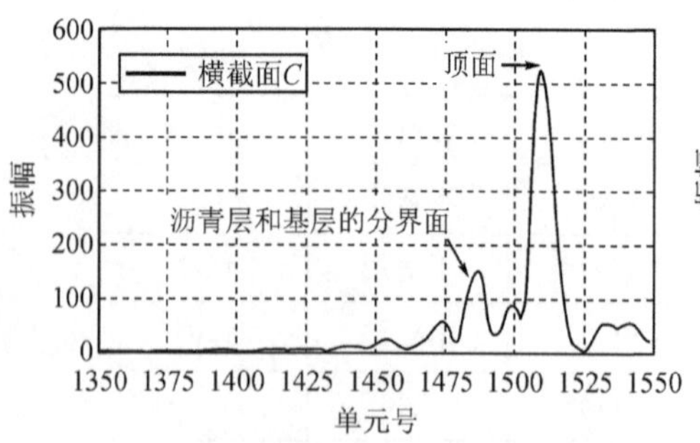

图 5.21　横截面 C 的合成轮廓像

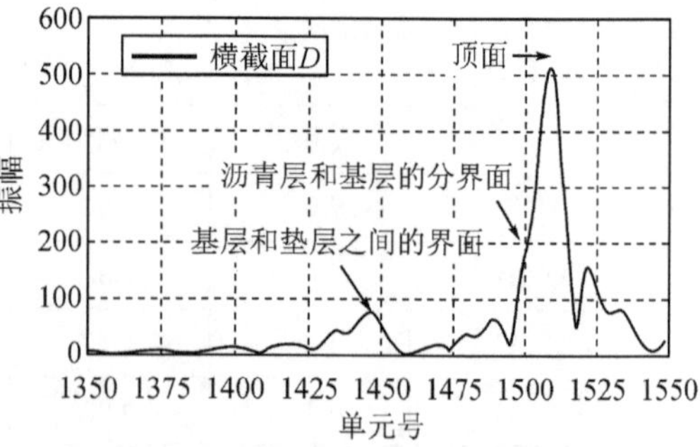

图 5.22　横截面 D 的合成轮廓像

图 5.23(a)～(f)显示在图 5.18 所示道路的不同位置获得的合成轮廓像。如原来预料的那样，该传感器只能探测至沥青层和基层之间的第二个分界面。

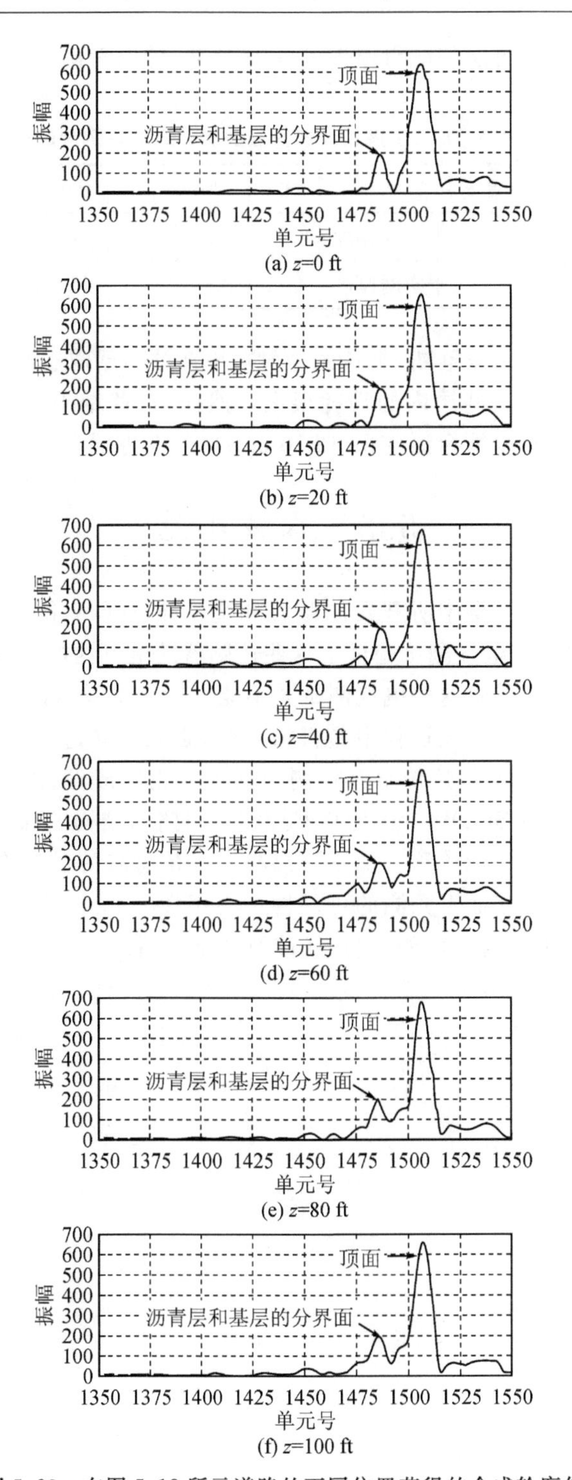

图 5.23　在图 5.18 所示道路的不同位置获得的合成轮廓像

117 表 5.9 总结了沥青层的测得厚度和实际厚度，可以看出二者之间的误差小于 0.25 in(0.64 cm)。

表 5.9 图 5.18 所示道路的沥青层的实际厚度与实测厚度对比

位置 z/ft		0	20	40	60	80	100
沥青层厚度/in	实际厚度	2	2	2	2	2	2
	实测厚度	2.13	2.13	2.13	2.25	2.25	2.25

从这些探测结果可以推断，雷达的透射功率在结构层内迅速减小，原因是传感器在高频率运行时在这些层内的损耗很大。然而，这些结果表明，开发的毫米波 SFCW 雷达传感器至少能探测 5 in(12.70 cm)厚的沥青层。

5.5 本章小结

本章讨论了对第 4 章中所开发的微波和毫米波 SFCW 雷达传感器进行的电气测试 和几次探测。电气测试验证了这些传感器的电气性能，以确保它们的电气性能符合设计要求。尽管这些电气测试并不能直接表示雷达在实际探测应用中的性能，但是，它们在系统开发过程中是很重要的，必须首先进行这些电气测试。本章介绍的毫米波 SFCW 雷达传感器探测包括表面轮廓成像、液位探测、掩埋物体的探测和定位。微波 SFCW 雷达传感器探测是对路面结构的探测，包括在实验室内的实际路面结构和实际道路。探测结果与实际值有较好的吻合，证明了所开发传感器对各种表面和表面下探测的可用性和有用性。此外，本章还描述了探测程序，这些程序不但涉及传感器的运行，还涉及系统评估。

第 6 章　总结和结论

119

在前面 5 章中介绍了 SFCW 雷达传感器及其组件的理论、分析和设计。具体地讲，本书介绍了两种 SFCW 雷达传感器的系统分析、发射机设计、接收机设计、天线设计、信号处理以及系统集成和测试。已经制造出这两种雷达，它们利用了在单一封装中的微波集成电路(MIC)和微波单片集成电路(MMIC)。两种雷达传感器分别在 29.72～37.7 GHz 和 0.6～5.6 GHz 频率范围内工作。它们能用于表面和表面下探测，在各种探测应用中表现出高分辨率和高准确度。

第 1 章介绍了 SFCW 雷达传感器及可能的探测应用。

第 2 章介绍了雷达传感器的一般分析，特别讨论了信号传播、物体散射信号、弗里斯传输方程和雷达方程、信噪比、接收机灵敏度、最大距离和系统性能因子等方面。导出了一组经过修正后的雷达方程，以准确地表征表面下探测雷达传感器。这些雷达传感器用于探测多层结构(例如路面)，或用于表面下掩埋物体的探测和定位。修正后的雷达传感器方程比传统雷达传感器方程涉及的参数要多。为了准确地估算穿透深度，表面下探测雷达传感器需要这些修正后的雷达方程。

第 3 章介绍了对 SFCW 雷达传感器的分析。讨论了传感器的工作原理和特性：发射射频信号、接收射频信号、下变频变换 I 信号和 Q 信号、根据 I 信号和 Q 信号形成目标的合成脉冲等。本章还介绍了传感器的其他重要参数，例如，角分辨率和距离分辨率、频率步进量、频率步进阶数、总带宽、探测距离、距离准确度和模糊度、脉冲重复周期、动态范围和系统性能因子等。还讨论了多层结构和掩埋目标探测中最大探测距离的估算。

120

第 4 章介绍了毫米波和微波 SFCW 雷达传感器的开发。其中，毫米波 SFCW 雷达传感器在 29.72～37.7 GHz 范围内工作，微波 SFCW 雷达传感器在 0.6～5.6 GHz 范围内工作。它们是基于相参超外差架构的系统完全采用单一封装中的微波集成电路和微波单片集成电路实现，具有成本低、重量轻、体积小的特点。本章还介绍了收发机和天线的设计、信号处理模块的开发和传感器的集成。特别地，本章还提出了一种用于补偿系统自身引起的公共型 I/Q 误差的简单有效的方法。

第 5 章介绍了微波和毫米波 SFCW 雷达传感器的电气测试和探测应用。电气测试用于验证这些系统的电气性能。测得的微波和毫米波 SFCW 雷达传感器的系统性能因子分别为 105 dB 和 89 dB。毫米波 SFCW 雷达传感器的探测应用包括表面轮廓成像、液位探测、掩埋物体的探测和定位等。毫米波 SFCW 雷达传感器能探测那些表面高度沿水平方向迅速变化的样品的表面轮廓，其中，侧向分辨率达到 1 in(约 2.54 cm)，距离准确度优于±0.04 in(约±0.10 cm)。该雷达传感器还能准确地探测液位变化，误差小于±0.04 in(约±0.10 cm)。它对在沙层中掩埋的非常小的防步兵地雷进行探测和定位，垂直分辨率小于 0.75 in(约 1.91 cm)，展现了它作为表面下探测雷达传感器的优点。微波 SFCW 雷达传感器的探测是在实验室内和试验场中对路面进行探测。该微波 SFCW 雷达传感器对实验室内的路面样品的探测，误差小于±0.1 in(约±0.25 cm)，用理想的探测结果展现其优异的性能。该传感器还可以准确地探测实际道路的沥青层厚度，误差小于 0.25 in (约 0.64 cm)。在上述所有探测中，实测值与实际值有较好的吻合，证实了所开发的传感器对各种表面和表面下探测应用的可用性和有用性。

对从军用到民用再到商用的各种表面和表面下探测应用而言，SFCW 雷达传感器是具有吸引力的选择。如在第 1 章中所述，SFCW 雷达传感器涉及许多方面。若要完整覆盖，则需要一本很厚的书，这超出了本书的范围。本书的目的只是以一种简洁的方式介绍 SFCW 雷达传感器的主要方面，包括系统和组件分析、设计、信号处理和测量。虽然简洁，但足够详尽，以便读者能理解和根据预定的研究或商业应用设计 SFCW 雷达传感器。在各种表面和表面下探测应用中，这些系统的确证实了它们的可用性和有用性。应当指出的是，在开发的微波和毫米波 SFCW 雷达传感器中，只采用了一种简单的信号处理模块。对所开发的 SFCW 雷达传感器和其他 SFCW 雷达传感器的高级应用而言，需要使用高级信号处理模块，以提高系统的性能和能力并扩大系统的应用范围，例如，提高侧向分辨率和距离分辨率，从而更准确地进行表面和表面下探测，对传播介质的发散性进行补偿以改善合成脉冲的形状和提高距离分辨率等。对于长距离探测，需要使用大发射功率。对于涉及快速移动平台的应用，例如车辆或飞机等，需要在发射机内使用速度快的频率合成器。

121

最后，应当指出的是，本书介绍的 SFCW 雷达传感器并不是为了在各种现场应用中使用。它们只是简单的实验室原型，用于说明 SFCW 系统的设计、分析和应用。因此，无论从物理结果讲，还是从电气方面讲，所开发的系统都不是最优的。但是，如果利用本书中提供的素材，则可以相当直接地设计和制造出适合各种现场应用的、物理结构坚固的、尺寸缩减至使系统更加轻便的现场即用型 SFCW 系统。

参考文献

[1] DANIELS D J. *Surface Penetrating Radar*[M]. London:IEE Press, 1996.

[2] DANIELS D J, GUNTON D J, SCOTT H F. Introduction to subsurface radar[J]. IEE Proc. , 1988,135:278-320.

[3] EARP S L, HUGHES E S, ELKINS T J, VIKERS R. Ultra-wideband ground-penetrating radar for the detection of buried metallic mines[J]. IEEE Aerosp. Electron. Syst. Mag. , 1996(11):30-39.

[4] LANGMAN A, INGGS M R. A 1-2 GHz SFCW radar for landmine detection [C]//*Proceedings of the* 1998 *South African Symposium*, September 1998: 453-454.

[5] VAUGHAN C J. Ground-penetrating radar surveys used in archaeological investigations[J]. Geophysics, 1986, 51(3):595-604.

[6] OTTO J. Radar applications in level measurement, distance measurement and nondestructive material testing[C] //*Proceedings of the 27th European Microwave Conference and Exhibition*, 1997, 2:1113-1121.

[7] LASRI T, DUJARDIN B, LEROY Y. Microwave sensor for moisture measurements in solid materials[J]. Microwaves Antennas Propag. , 1991, 138: 481-483.

[8] PARK J S, NGUYEN C. A new millimeter-wave step-frequency radar sensor for distance measurement [J]. IEEE Microwave Wireless Compon. Lett. , 2002, 12(6): 221-222.

[9] LEE J S, NGUYEN C, SCULLION T. A novel compact, low-cost impulse ground penetrating radar for nondestructive evaluation of pavements [J]. IEEE Trans Instrumen. Mcasur. , 2004, IM-53(6):1502-1509.

[10] PARK J S, NGUYEN C. An ultra-wideband microwave radar sensor for nondestructive evaluation of pavement subsurface[J]. IEEE Sensors J. , 2005,5:942-949.

[11] PARK J S, NGUYEN C. Development of a new millimeter-wave integrated-circuit sensor for surface and subsurface sensing[J]. IEEE Sensors J. , 2006,6: 650-655.

[12] HAN J, NGUYEN C. Development of a tunable multi-band UWB radar sensor and its applications to subsurface sensing[J]. IEEE Sensors J., 2007, 7(1):51-58.

[13] ELLERBRUCH D A, BELSHER D R. Electromagnetic technique of measuring coal layer thickness[J]. IEEE Trans. Geosci. Electron. 1978, 16 (2):126-133.

[14] MILLER E K. *Time-domain Measurements in Electromagnetics*[M]. New York: Van Nostrand Reinhold Company, 1986.

[15] LEE C H. Picosecond optics and microwave technology[J]. IEEE Trans. Microwave Theory Tech., 1990, 38: 569-607.

[16] MOLINA L L, MAR A, ZUTAVERN F J, LOUBRIEL G M, O'MALLEY M W. Sub-nanosecond avalanche transistor drivers for low impedance pulsed power applications[C]//*Pulsed Power Plasma Science-2001* , 2001, 1:178-181.

[17] LEE J S, NGUYEN C, SCULLION T. New uniplanar subnano-second monocycle pulse generator and transformer for time-domain microwave applications[J]. IEEE Trans. Microwave Theory Tech., 2001, MTT-49(6): 1126-1129.

124 [18] HAN J W, NGUYEN C. On the development of a compact sub-nanosecond tunable monocycle pulse transmitter for UWB applications [J]. IEEE Trans. Microwave Theory Tech., 2006, MTT-54(1): 285-293.

[19] DENNIS P, GIBBS S E. Solid-state linear FM/CW radar systems-their promise and their problems [J]. IEEE MTT-S International Microwave Symposium Digest, 1974, 74(1): 340-342.

[20] PIPER S O. *Frequency-Modulated Continuous Wave Systems*[M]. Norwood, MA: Artech House, 1993.

[21] CARR A E, CUTHBERT L G, OLIVER A D. Digital signal processing for target detection in FMCW radar[C] //*IEE Proceedings of Communications, Radar, and Signal Processing*, 1981, 128(5): 331-336.

[22] ROBINSON L A, WEIR W B, YOUNG L. An RF time-domain reflectometer not in real time[J]. GMTT International Microwave Symposium Digest, 1972, 72(1):30-32.

[23] WEHNER D R. *High Resolution Radar*[M]. Norwood, MA: Artech House, 1995.

[24] IIZUKA K, FREUNDORFER A P. Detection of nonmetallic buried objects

by a step frequency radar[J]. IEEE Proc. , 1983,71(2): 276-279.

[25] NOON D A. Stepped-frequency radar design and signal processing enhances ground penetrating radar performance[D]. Queensland. Australia: University of Queensland, 1996.

[26] PIPPERT R C, SOROUSHIAN K, PLUMB R G. Development of a ground-penetrating radar to detect excess moisture in pavement subgrade [C] //*Proceedings of the Second Government Workshop on GPR—Advanced Ground Penetrating Radar: Technologies and Applications*, Oct. 1993: 283-297.

[27] LANGMAN A, SIMON P D, CHERNIAKOV M, LANGSTAFF I D. Development of a low cost SFCW ground penetrating radar[C] //*IEEE Geoscience and Remote Sensing Symposium*, 1996,1: 2020-2022.

[28] STICKLEY G F, NOON D A, CHERNIAKOV M, LANGSTAFF I D. Preliminary field results of an ultra-wideband (10-620 MHz) stepped-frequency ground penetrating radar[C] //*Proceedings of the 1997 IEEE International Geoscience and Remote Sensing Symposium*. 1997, 3:1282-1284.

[29] HUSTON D, HU J O, MUSER K, WEEDON W, ADAM C. GIMA ground penetrating radar system for monitoring concrete bridge decks[J]. J. Appl. Geophys. , 2000, 43: 139-146.

[30] CHURCH R H, WEBB W E, SALSMAN J B. Dielectric properties of low-loss materials. Report of Investigations 9194[R]. Washington D. C. : US Bureau of Mines, 1998.

[31] DAVIS J L, ANNAN A P. Ground-penetrating radar for high-resolution mapping of soil and rock stratigraphy[J]. Goephys. Prospect. ,1989, 37 (5): 531-551.

[32] SKOLNIK M I. *Introduction to RADAR Systems*[M]. 3rd ed. New York: McGraw-Hill, 2001.

[33] ANNAN A P, DAVIS J L. Radar range analysis for geological materials [J]. Geol. Surv. Can. , 1977, 77-1B: 117-124.

[34] NGUYEN C. *Analysis Methods for RF, Microwave and Millimeter-Wave Planar Transmission Line Structures*[M]. New York: Wiley,2000.

[35] KIM S T, NGUYEN C. On the development of a multifunction millimeter-wave sensor for displacement sensing and low-velocity measurement[J]. IEEE Trans Microwave Theory Tech. 2004, 52(11): 2503-2512.

[36] HUYNH C, NGUYEN C. New ultra-high-isolation RF switch architecture

and its use for a 10- 38 GHz 0. 18-μm BiCMOS Ultra-Wideband Switch[J]. IEEE Trans. Microwave Theory Tech. ,2011, 59(2): 345-353.

[37] PROAKIS J G, MANOLAKIS D G. *Digital Signal Processing*[M]. Englewood Cliffs, NJ: Prentice Hall, 1996.

[38] EDDE B. *RADAR Principles, Technology, Applications*[M]. Englewood Cliffs, NJ: Prentice Hall, 1995.

125 [39] THEODOROU E A, GORMAN M R, RIGG P R, KONG F N. Broadband pulse-optimized antenna[J]. IEE Proc. H, 1981, 128(3): 124-130.

[40] EVANS S, KONG F N. TEM horn antenna: input reflection characteristics in transmission. IEE Proc. H, 1983,130(6): 403-409.

[41] CERMIGNANI J D, MADONNA R G, SCHENO P J, ANDERSON J. Measurement of the performance of a cavity backed exponentially flared TEM horn[C] //*Proceedings of SPIE, Ultrawideband Radar*, 1992, 1631: 146-154.

[42] NGUYEN C, LEE J S, PARK J S. Novel ultra-wideband microstrip quasi-horn antenna[J]. Electron. Lett. , 2001, 37(12): 731-732.

[43] PARK J S, NGUYEN C. Low-cost wideband millimeter-wave antennas with seamless connection to printed circuits[C] //*2003 Asia Pacific Microwave Conference*, Seoul, Korea, 2003.

[44] HAN J, NGUYEN C. Investigation of time-domain response of microstrip quasi horn antennas for UWB applications[J]. IEE Electron. Lett. , 2007, 43(1): 9-10.

[45] ANSOFT. Ansoft High-Frequency Structure Simulator (HFSS)[CP]. Mcquon, Wisconsin: Ansoft Corporation.

[46] CHURCHILL F E, OGAR G W, THOMPSON B J. The correction of I and Q errors in a coherent processor[J]. IEEE Trans. Aerosp. Electron. Syst. , 1981, 17(1): 131-137.

索 引

本索引中页码为原著页码，大体对应于本书边码。

A

ADC's dynamic range ADC 的动态范围 58, 63, 78

ambiguity 模糊度 119

ambiguous range 模糊距离 47, 53-55

amplitudes 振幅 5

analog-to-digital (A/D) converter 模/数转换 6

analog-to-digital converter (ADC) 模/数转换器 39, 43, 58, 59, 74, 76, 77, 79, 81, 88, 91, 100, 103

angle 角 9, 53, 119

angle accuracy 角准确度 53

angle and range resolution 角分辨率和距离分辨率 39, 47, 64

angle resolution 角分辨率 46-49, 65

antenna 天线 7, 9, 16, 24, 25, 27, 28, 33, 35, 48, 57, 59, 65, 74, 76-78, 81-87, 91, 97, 100, 103, 106, 111, 119, 120

asphalt 沥青层 13, 15, 19, 23, 59, 60, 62, 85, 111-114, 120

attenuation 衰减 11, 60

attenuation constant 衰减常数 17, 21, 25, 27, 35, 60, 62, 63, 112

average power 平均功率 5

B

bandwidth 带宽 3

base 基层 13, 15, 19, 23, 59, 62, 85, 111-114

beat frequency 拍频 5

buried objects 掩埋物体 99, 105, 108, 117, 119, 120

buried targets 掩埋目标 119

C

calibration 标定 108

civilian and commercial applications 民用和商用 6

common amplitude 公共型振幅 91, 95, 96

common amplitude error 公共型振幅误差 93

common error 公共型误差 91, 92

common phase error 公共型相位误差 92

conductivity 电导率 11

constitutive relations 组成关系 10

continuous-wave (CW) 连续波 1-3

cross 横截(的) 9

current 电流 11

D

DC offset 直流偏移 71, 73, 74

detector 检波器 78, 91

dielectric constant 介电常数 11, 12, 20

differential amplitude 差异型振幅 91，92
differential errors 差异型误差 91-93
dynamic range 动态范围 5，9，32，39，41，42，57-59，64，78，99，101，105，119

E

electrical performances 电气性能 99，117，120
electric field intensity 电场强度 10
electric flux density 电通密度 10
electromagnetic (EM) waves 电磁波 1，9

F

FMCW radar sensors FMCW 雷达传感器 4，5
FMCW receiver FMCW 接收机 29
Fourier transform 傅里叶变换 2
frequency-modulated continuous wave (FMCW) 调频连续波 1，2
frequency modulations 调频 1
frequency step 频率步进阶 39，40，46，47，53-55，59，64，97，107，119
frequency step-size 频率步进量 45
Friis transmission equation 弗里斯传输方程 10，23，25，38，119

H

half-space 半空间 23，32，33，35，36，110
homo-dyne 零差 65，66，70，73

I

I/Q 39，45，46，53，67，76，79，80，88，96
I/Q error I/Q 误差 70，88，91，120
I/Q signals I/Q 信号 6，42，43，45，64，76，79，80，88，89，92，100，119
impulse 冲激 1，2
impulse radar sensors 冲激雷达传感器 2，3
impulse system 冲激系统 2
in-phase (I) 同相 5，39，66
intrinsic impedance 固有阻抗 14，16，17，19
inverse discrete Fourier transform (IDFT) 离散傅里叶逆变换 39，43，44，76，88，97

L

lateral resolution 侧向分辨率 9
linearity 线性度 41，42
liquid level 液位 99，105，107，108，117，120
loss 损耗 9，11，12
loss tangent 损耗角正切 12

M

magnetic field intensity 磁场强度 10
magnetic flux density 磁通密度 10
maximum available dynamic range 最大可用动态范围 82
maximum detectable range 最大可探测距离 36
maximum penetration depth 最大穿透深度 60，62
maximum range 最大距离范围 10，25，27，31，32，35，38，56，59，64，119
Maxwell's equations 麦克斯韦方程 10，11

measurement 测量 99，100，105-110，113，114，117，119，120
medical and health care applications 医疗和卫生保健应用 7
microwave integrated circuits（MICs）微波集成电路 1，7，65，74，79，97，119，120
microwave monolithic integrated circuits（MMICs）微波单片集成电路 7，65，74，119，120
military and security applications 军事和安全应用 6
millimeter-wave 毫米波 1
mines 地雷 108，120
minimum detectable input signal 最小可探测输入信号 30
minimum detectable signal 最小可探测信号 32
mono-cycle pulses 单循环脉冲 2
mono-pulses 单脉冲 2
mono-static system 单基地系统 25，27
multi-layer 多层 33，35，59，111，113，119
multi-layer structure 多层结构 20，32，37
multiple layers 多层 20

N

noise 噪声 28，29，52
noise figure 噪声系数 5，9，30，31，42，77，80，82
non-contact sensing 非接触探测 1
nondestructive 无损伤 1
number of frequency steps 频率步进阶数 39，40，44，46，64，119
number of steps 步进阶数 108

P

parallel polarization 平行极化 16，18，19，111
pavement 路面 13-15，19，20，23，32，35，37，51，56，59，65，85，99，110-113，117，119，120
penetration depth 穿透深度 9
performance factor 性能因子 60，62，120
permeability 磁导率 11
permittivity 电容率 11，12
perpendicular polarizations 垂直极化 16，18
phase constants 相位常数 11
phase errors 相位误差 91，95，96
phases 相位 5
power density 功率密度 22，31
process gain 增益 63
processing 处理 63
propagation constant 传播常数 9，11-13
pulse compression 脉冲压缩 4
pulsed 脉冲(的)2
pulse duration 脉冲持续时间 49
pulse repetition interval（PRI）脉冲重复周期 2，39，40，46，47，55，58，64，77，113，119
pulse signal 脉冲信号 2

Q

quadrature detector 正交检波器 65-67，69，70，73，74，76-78，91，92，100，103
quadrature-phase（Q）正交相位 39
quadrature（Q） signals 正交信号 5，66

R

radar cross section (RCS) 雷达截面积 9, 10, 22, 23, 27,33, 36
radar equation 雷达方程 10, 25-27, 30, 32, 35, 37, 38, 56, 59, 78, 82, 119
radar sensor 雷达传感器 1-4, 7, 9-11, 14, 15, 20, 22, 23, 35, 38, 41, 42, 44, 46, 47, 49, 57, 65, 82, 119
radio-frequency (RF) 射频 1, 23, 28-30, 42, 65, 66, 71, 72, 91
range-accuracy 距离准确度 107
range 距离 2, 4, 5, 9, 11, 23, 25, 27, 32, 39, 43-46, 48,49, 53, 55, 56, 59, 60, 64, 65, 92, 93, 119
range accuracy 距离准确度 39, 43, 45, 46, 52, 64, 119, 120
range ambiguity 距离模糊度 39, 46, 64
range error 距离误差 52
range resolution 距离分辨率 3, 4, 46, 49-52, 65, 109, 119
rate of sweeping frequency 扫频速率 5
receiver's dynamic range 接收机的动态范围 59
receiver 接收机 2, 5, 7, 9, 24-26, 28-30, 32, 42, 57-59, 65, 67, 74, 77, 78, 100, 103, 119
receiver dynamic range 接收机动态范围 32, 57
receiver noise 接收机噪声 28, 29
receiver sensitivity 接收机灵敏度 10, 30, 31, 38, 77, 82, 119
reception 接收 1, 103
reflection 反射 1, 10, 16, 20, 21, 32, 34, 35, 37
reflection coefficient 反射系数 18-20, 33, 34, 36, 37, 112
relative dielectric constant 相对介电常数 3, 11-14, 17-20,35, 51, 54, 74, 111-113
relative permittivity 相对电容率 11
resolution 分辨率 2, 3, 6, 9, 46, 47, 49, 53, 106, 108, 109, 119, 120

S

scattering 散射 10
sensing 探测 13, 14, 106
sensitivity 灵敏度 5, 9, 30-32, 47, 57, 58, 77
sensor 传感器 59, 63, 65, 74, 97, 99, 107, 111, 114, 117, 120
signal processing 信号处理 5, 56, 58, 59, 63, 65, 74, 77-79, 88, 97, 100, 119, 120
signal-processing gain 信号处理增益 56, 59
signal-to-noise ratio 信噪比 2, 6, 10, 29, 38, 119
spreading loss 扩展损耗 10
stepped-frequency continuous-wave (SFCW) 频率步进连续波 1, 2, 5, 6, 9
stepped-frequency continuous-wave (SFCW) radar sensors 频率步进连续波雷达 5, 6, 7, 13, 32, 39-42, 44-47,49, 52-56, 58-60, 62-65, 67, 74, 78, 81-83, 86, 88, 92, 97, 99, 100, 102, 103, 105-108, 110, 111, 113, 117, 119, 120

sub-grade (路面)垫层 13，59，85，114
sub-millimeter-wave 亚毫米波 1
subsurface sensing 表面下探测 1，2，4，6，7，9，13，15，20，23,51，65，99，108，110，117，119，120
super-hetero-dyne 超外差 65-67，70，73，74，78，89，91，92，119
surface 表面 1，4，6，7，23，65，99，117，119，120
surface profile 表面轮廓 99，105
surface profiling 表面轮廓成像 107，117，120
surface sensing 表面探测 1，23
synthetic profile 合成轮廓像 114，115，119
synthetic pulse 合成脉冲 5，9，39，41，44，50，51，56，64，66，76，88，90，100，120
synthetic range profiles 合成距离像 112
system's dynamic range 系统动态范围 100，105
system performance factor (SF) 系统性能因子 10，32，35-39，56-60，62-64，78，82，101，105，119

T

test 测试 99，117，119，120
time-average 时间平均 22
time-average power density 时间平均功率密度 15，17，35
time delay 时延 5
time-domain 时域 2
transceiver 收发机 65，66，74，75，78-80，97，100，120
transmission 传输/发射/透射 1，20，37，103
transmission coefficient 传输系数 16，19，21，22，35，111
transmitter 发射机 5，7，9，24-26，40，65，74，78，81，100，103，119，121

U

unexploded ordnance (UXO) 未爆炸弹药 108

V

velocity 速度(速率) 3，9，11，13，14，18，46
vertical 垂直 2

W

wave equations 波动方程 10

Z

zero IF 零中频 66